快音のための
騒音・振動制御

［編著］　［共著］
加川幸雄　戸井武司
　　　　　安藤英一
　　　　　堤　一男

丸善出版

まえがき

　我が国は狭い国土に1億3千万人が住む高密度社会です．そのうえ都市化が著しく，その中で快適な環境を確保することは容易なことではありません．したがって環境問題を解決することは重要な技術的・社会的課題でしょう．騒音振動問題はその1つです．技術的に問題が解決可能かどうかが問われるだけでなく，安価に解決できるかという経済的な側面も重要です．

　その解決策として，音については壁面に吸音材を装着して反射音を低減する，振動については振動面にダンピング材などを貼付して振動を減衰させるなどの対策が行われてきました．しかしこれらが有効なのは，周波数が高い領域に限られます．低周波数領域では，大規模・高価となることが避けられません．

　能動騒音制御（Active Noise Control，ANC）はこれらを解決可能にする，有効な手段を提供する技術です．能動制御による騒音の消音・静音化，振動の制振・遮断の技術がすでにいくつかの分野で実用化されています．これは波の干渉を利用して，いわば毒をもって毒を制する技術です．すなわち，騒音となる音をマイクロホンで検出してそのコピーを作り，位相を反転してスピーカから放射して騒音をキャンセルしようとする技術で，能動消音（Active Noise Cancellation，ANC）ともよばれます．このような考え方は昔からあり，いくつかのアイディアが1930年代に提案され，いくつかの特許も成立しています．音波が空気内の波動の問題であるのに対して，振動は弾性体内の波の問題に対応しますから能動制御の原理は類似です．

　このような技術が注目を集めるようになったのは1953年，H.F.オルソンの自由音場吸音器と称する消音器がアメリカ音響学会誌（JASA）に掲載され，その後著書『音響工学』を発表してからだと思われます．能動制御の難しさは，制御のためのコピー波が作られるとそれがコピー波の元になる信号に影響することにあります．さらに信号とコピー波による逆位相波を空間的に整合させることは，波長が短くなるに従って困難になります．したがってこのような技術が実用化されるようになったのは，さらに時代が下がってからです．すなわち，対象空間を限定して目的周辺の音圧を最小とするような適応制御の技法とそのためのディジタル信号処理のアルゴリズム，それを実現するためのハードウェ

アの開発など，いわゆるコンピュータ技術の進展に負うところが大きいのです．ただこのような装置にも必ずオルソンの吸音器にみられる帰還系が存在します．

本書は主として，能動制御の考え方と基本的構成，いくつかの応用例を紹介するものです．どのような原理でどのような分野への応用が可能か，その効用と限界を知っていただくための，いわゆる啓蒙書のつもりです．したがって，数学的な記述は最小限にとどめ，式の導出なども省略して結果だけが示してあります．まず能動制御のいくつかの応用例，適応例をとりあげて解説しています．具体的な装置の開発・設計など，とりわけディジタル信号処理に基づく制御の理論的側面について興味のある諸兄は専門書をひもといていただきたい．本書をお読みいただくためには音響や振動の基礎的知識があれば好都合ですが，なくても全貌がわかるように配慮したつもりです．第1章には音と振動の概念と基礎に関する概説を設けました．

能動音響振動制御技術の応用的側面はまだ発展途上にあり，完成されたものではなく，まだまだ応用可能な分野が多方面に広がってくると思われます．

消音や完全な制振が難しい場合，またそのために多大な費用と労力を要する場合もあるでしょう．さらに，完全な無音が我々の判断を狂わせる場合もあります．例えばハイブリッド式や電気自動車などの場合のように，静音にし過ぎて安全の面から適当な付加音が要求されることなどです．快音化の技術はそのような心理的効果を含めた快適な音環境を実現するための技法であり，実用的な成果をあげています．本書では快音化技術の考え方，手法，効果についても解説しています．このような技術の実用化は，ディジタル信号処理による分析，合成の技法にもとづくシミュレーション技術，心理音響学に基づく計量的評価技法の進展に負うところが大きくなっています．

本書の執筆にあたっては(財)小林理学研究所の山本貢平所長のご推薦をいただきました．お礼を申し上げます．最後になりましたが，編集に携わられた丸善出版株式会社企画・編集部の堀内洋平，東條健の両氏には本書の企画・構成だけでなく内容の細部に到るまで，建設的なコメントをいただきました．ここに謝意を表す次第です．

平成24年5月

編者しるす

執筆者一覧

編 者

加川 幸雄　　工 学 博 士　　富山大学名誉教授
　　　　　　　　　　　　　　岡山大学名誉教授
　　　　　　　　　　　　　　秋田県立大学名誉教授

執筆者

戸井 武司　　博士(工学)　　中央大学理工学部教授
安藤 英一　　博士(工学)　　芝浦工業大学非常勤講師
加川 幸雄　　工 学 博 士　　富山大学名誉教授
　　　　　　　　　　　　　　岡山大学名誉教授
　　　　　　　　　　　　　　秋田県立大学名誉教授
堤　 一男　　博士(工学)　　熊本高等専門学校名誉教授

目　　次

まえがき (加川幸雄)……………………………………………………… i
執筆者一覧 ……………………………………………………………… iii

第1章　音と人間とのかかわり　(安藤英一，戸井武司)……………1
1.1　音とは……………………………………………………………1
　　1.1.1　音(振動)の発生要因と特徴 ……………………………1
　　1.1.2　音や振動の伝播 ……………………………………………3
　　1.1.3　音の3要素と分析 …………………………………………4
　　1.1.4　知覚される音――耳 ………………………………………5
　　1.1.5　音質の評価および分析方法 ………………………………8
1.2　騒音とは…………………………………………………………10
　　1.2.1　騒音の発生・伝播 …………………………………………10
　　1.2.2　騒音対策と音環境 …………………………………………12

第2章　静かな音環境づくり――音響・振動能動制御技術 (安藤英一) …17
2.1　音響・振動能動制御とは………………………………………17
　　2.1.1　能動制御と受動制御 ………………………………………17
　　2.1.2　低騒音化と低振動化 ………………………………………18
2.2　音響の能動制御…………………………………………………25
　　2.2.1　能動制御による冷蔵庫の低騒音化 ………………………25
　　2.2.2　能動制御による「振動ふるい」からの超低周波音の低減 ……31
　　2.2.3　エレベータの空調ダクト音の能動制御 …………………36
　　2.2.4　超高騒音下で使用するANCヘッドセットの検討 ………41
　　2.2.5　平板スピーカを用いたアクティブ吸音 …………………44
　　2.2.6　大空間における能動音場制御 ……………………………49
2.3　振動の能動制御…………………………………………………53
　　2.3.1　鉄道車両のセミアクティブ振動制御 ……………………53
　　2.3.2　高層建物，橋梁などへのハイブリッド式制振機構の適用 …58
　　2.3.3　単結晶シリコン引き上げ装置用免震装置 ………………62
　　2.3.4　微小重力環境改善のための能動制振技術 ………………67

2.4　風力発電風車の騒音制御の提案 …………………………………… 72
　　2.4.1　風車騒音の実態 ………………………………………………… 72
　　2.4.2　風車騒音対策の案 ……………………………………………… 73

第3章　快適な音環境づくり——快音化技術　（戸井武司）………… 79
　3.1　快音化とは ……………………………………………………………… 79
　　3.1.1　快音と騒音 ……………………………………………………… 80
　　3.1.2　低騒音化から快音化へ ………………………………………… 81
　3.2　身近な快音設計 ………………………………………………………… 82
　　3.2.1　自動車の快音設計 ……………………………………………… 83
　　3.2.2　事務機器の快音設計 …………………………………………… 91
　　3.2.3　家電製品の快音設計 …………………………………………… 98
　3.3　シミュレーションの利用 …………………………………………… 109
　　3.3.1　人の感性を考慮した快音化 ………………………………… 109
　　3.3.2　バーチャルサウンドカー環境 ……………………………… 110
　　3.3.3　幻の鐘の音色を聴く ………………………………………… 111

第4章　受動・能動制御技術の基礎　（加川幸雄）………………… 115
　4.1　波の干渉 ……………………………………………………………… 115
　　4.1.1　平面波における消去 ………………………………………… 115
　　4.1.2　指向性の制御 ………………………………………………… 116
　4.2　受動制御——電気を使わない従来の方法 ………………………… 121
　　4.2.1　音の反射と透過 ……………………………………………… 122
　　4.2.2　吸音材による反射音の低減 ………………………………… 124
　　4.2.3　ダンピング材貼付による板の制振 ………………………… 125
　　4.2.4　振動伝達減衰 ………………………………………………… 127
　4.3　類推と等価回路 ……………………………………………………… 129
　　4.3.1　単振動系 ……………………………………………………… 129
　　4.3.2　音響フィルタ——サイレンサ/マフラー …………………… 132
　4.4　振動と音響の結合 …………………………………………………… 134
　　4.4.1　連成振動 ……………………………………………………… 134
　　4.4.2　単振動放射系 ………………………………………………… 134
　　4.4.3　コインシデンス ……………………………………………… 136

第5章 能動制御技術の展開　(加川幸雄) ……139
- 5.1 能動制御とその応用分野 ……139
- 5.2 能動音響制御技術小史——アナログ時代 ……140
    - 5.2.1 1930年代の特許 ……140
    - 5.2.2 オルソンの電子吸音器 ……141
- 5.3 能動消音・吸音器 ……144
    - 5.3.1 消音・吸音特性 ……144
- 5.4 ダクト内の能動消音 ……147
    - 5.4.1 負帰還(フィードバック)型 ……147
    - 5.4.2 前進(フィードフォワード)型 ……149
    - 5.4.3 波形合成(シンセサイザー)型 ……151
- 5.5 振動伝達制御 ……154
- 5.6 片持ち梁の制振 ……156

第6章 制御のためのディジタル信号処理　(堤　一男) ……159
- 6.1 ディジタル処理の有効性 ……159
    - 6.1.1 波動の表現 ……160
    - 6.1.2 DSP ……161
- 6.2 信号のディジタル化 ……162
    - 6.2.1 A/D変換, D/A変換 ……162
    - 6.2.2 信号の離散化と周波数スペクトル ……163
    - 6.2.3 伝達関数, 周波数応答 ……166
- 6.3 ディジタルフィルタ ……170
    - 6.3.1 FIRフィルタ ……171
    - 6.3.2 IIRフィルタ ……174
    - 6.3.3 線形予測フィルタ ……175
- 6.4 離散的計算処理 ……178
    - 6.4.1 フーリエ変換 ……178
    - 6.4.2 相関関数の計算 ……179
    - 6.4.3 線形予測フィルタの周波数特性 ……181
- 6.5 適応制御 ……182
    - 6.5.1 最小二乗誤差法 ……182
    - 6.5.2 最急降下法(LMSアルゴリズム) ……184

あ と が き（加川幸雄）……………………………………………186
索　引……………………………………………………………189

第1章
音と人間とのかかわり

1.1 音とは
1.1.1 音(振動)の発生要因と特徴

　音の発生する要因は，熱膨張など空気の局部的で急激な体積変化によるもの，物体の振動によるもの，空気の流れによるものなどである．
　すなわち空気の急激な体積変化は，風船の破裂や拍手，エンジンシリンダ内の爆発，水中の泡の破裂などがある．物体の振動は，ドラムやシンバルなどを叩いた場合に周囲の空気が振動し音が発生する．モータ自身や変圧器から発生する音は，電磁力によって生じる振動が原因となることが多い．空気の流れによるものは，速いボール，強風時の電線や隙間風などがある．空気の流れが速い場合に特に顕著となり，風速で音の高さ(ピッチ)が変化する．
　実際の騒音では，複数の原因で音が発生し，また複数の音源が存在している場合が多く，それらの数や位置を探ることが必要となる．また，不快な騒音を心地よい快音とするには，それぞれの音源が音質に与える影響を把握することが重要となる．
　騒音の周波数特性を調べると，周波数によってその要因が異なることが多く，何か1つの周波数について対策を施しただけでは全体の音質は改善されないこともある．また，騒音には，時間的に変動する音や，ときおり発生する異音，さらに機器を長期間使用することに伴う経年変化によって発生する音など，さまざまな要因がある．
　空間には特有の音が大きく増幅される共鳴が，構造物には振動が大きくなる共振が存在するので，特定の周波数で音が大きくなることがある．吹奏楽器では管の共鳴を利用して，ピアノやヴァイオリンでは弦や板の共振を利用して，

特定の音を大きくして音階を奏でたり音色を変化させたりする．

　音が発生するときは，複数の現象が相互に関連する連成現象が生じる場合もあり，音が存在する空間(音場)と構造物の振動や，音場と空気の流れが連成する場合など複雑な要因を伴うことがある[1]．

　ここで，音を発生する音源の種類について整理する．音源には点音源，線音源，面音源の3種類がある．点音源とは，音が空間内を球状に広がる音である．一般に，音源と音を聞く受音点の距離が大きくなるに従って音が小さくなる距離減衰がある．点音源は球状に広がっていくので，距離減衰は前記の3種類の音源のなかで最も大きい．

　次に，線音源とは，幹線道路や列車の線路のように，線上に音源が存在すると仮定できる場合で，音源を中心に円筒状に広がる音である．断面について平面状に広がるもので，水に石を投げ込み水面を波紋が広がるように，距離減衰はあるが球面状に広がる点音源より減衰量は少ない．

　さらに，面音源とは，大きな板が前後に一様に振動して，平面状に空間を広がらないで放射されたまま進行する音である．空気による減衰を無視すれば距離減衰が全く無いため，面音源を野外コンサートなどで用いれば，音源の近くの人にも遠くの人にも同じ大きさの音を届けることができる．大型の鉄橋などが振動することにより発生する低周波音は，波長が長く板状に振動すると仮定でき，面音源に近く，減衰しにくい．そのため遠方まで伝播するので問題となることがある．

　一方，音源の時間的な特性として定常音と過渡音がある．モータが一定の回転数で回っている時にブーンと唸っているような時間的にほぼ一定に聞こえる音が定常音で，モータの加減速時やスイッチの切替え時など瞬間的に変動して聞こえるのが過渡音である．

　掃除機や自動車の定速走行時のように，定常音は音圧や周波数特性がほぼ一定なので音質評価や，音質を改善する際の目標を設定しやすい．しかし，カメラのシャッタや自動車の加速時のような過渡音は，どの部分の音が全体の音質を決めているのかを判断することが難しい場合もある．

　音源の対策は音が漏れないように囲うことが最も効果的であるが，現実には放熱の問題などがあり，完全に音源を囲うことは難しく，放熱と遮音を同時に考慮しなければならないことが多い．

1.1.2 音や振動の伝播

音や振動は,源(ソース)からいろいろな伝達経路を経て,耳に到達する.図1.1は自動車の例で,エンジンを音源とした場合,空気を伝播して直接耳に達する音を空気伝播音とよぶ.エンジンを振動源とした場合,振動がエンジンを支える支持(マウント)を介して車体へ伝わり,それが床を伝達して,最終的に音を放射しやすい部分で空気を振動させて音となる.これを固体伝播音とよび,例えば打楽器や弦楽器などではこれを積極的に利用している.また,振動が直接体に伝わる体感振動も存在する.

固体伝播音は,エンジンの振動が車体へ伝わらないように振動を絶縁することが有効な手段である.エンジンを支えるマウントの剛性や減衰,また支持点

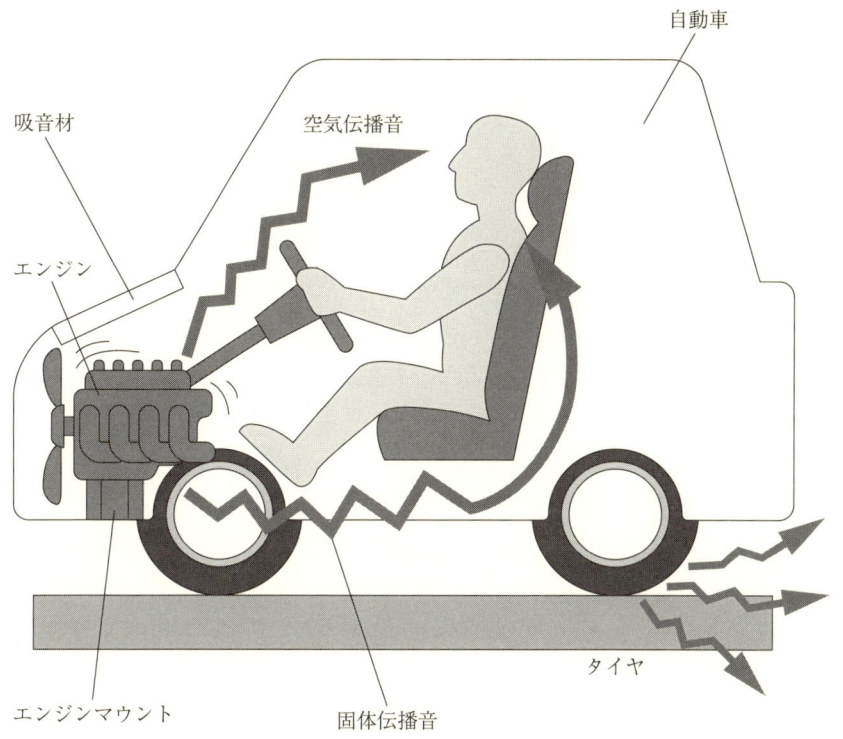

図1.1　音の伝わり方[1]

を適切に選定することが有効である．車体へ伝わった後は，伝達する途中や音を放射する面を制振し，振動を低減して放射する音を小さくできる．

一方，空気伝播音は固体中を伝播しないで，空気中を伝播して直接耳へ届くので，エンジンで発生した音がエンジンルームから車体の隙間や窓ガラスなどを透過して車室内に入る．空気伝播音の対策には，ボンネットの裏面での吸音や，車室内に侵入しないよう遮音をすることが効果的である．路面から反射してくる音もあり，路面が吸音性の高い透水性舗装であるか否かによっても，車室内に侵入してくる音の周波数成分が変化する．

自動車の音はエンジンばかりでなく，歯車を多数含むトランスミッションのギア噛合い音や，エンジンの吸気音や排気音，タイヤと路面の間から発生する音，車速が速くなると顕著になるドアミラーやルーフなどで発生する風切り音などさまざまである．

いずれの発生要因であっても，車室内の形状に依存する共鳴，座面や床および天井などの吸音特性，運転状態や路面状況などにより音色（音質）は変化する．音発生のメカニズムによって対策が異なるため，音の伝わり方とそれぞれの音質に対する寄与を把握し，効率よい対策が実施される[1]．

1.1.3 音の3要素と分析

ピアノの例を取り上げてみよう．並んでいる鍵盤の左側を弾いたときの低い音，右側を弾いたときの高い音，すなわち音には低周波音，高周波音があり，また鍵盤を弾く強弱で音の大きさに大小が生じる．人は耳で音に含まれる周波数を分析して，例えばドミソのような音の高さと，それぞれの音の大きさを判断している．

音は時間経過とともに変化する空気圧の波であるが，その波形を周波数分析することで，周波数の視点から音を眺めることができる．回転数が一定の1つのモータ音は，時間波形が周期的な正弦波的な波であり，周波数分析することにより1つの周波数を主に含むことがわかる．また，いくつかの音階が重なって生じる音を分析すると，その数だけ異なる周波数成分の波があることがわかる．

同じドミソの和音でも，3音の中でどの音が最も強いか，弱いかといった，それぞれの振幅の大きさと位相関係が周波数分析でわかる．周波数分析では，

音の3要素である「大きさ」，「高さ」，「音色」のすべてがわかるので，音の分析には最もよく使われる．

　周波数分析装置は，マイクロホンで電気的に変換された波形を分析するもので，人間の耳で聞き分けられる聴覚周波数分解能よりさらに細かく客観的に分析できるので，音質の微妙な変化を調べることができる．自動車のエンジンは複合音だが，周波数分析からエンジンの回転数や気筒数などもわかる．

　ところで，人が音程を聞き分けられる聴覚周波数分解能は等間隔ではなく，低い周波数から高い周波数になるにつれて分解能は粗くなる．1オクターブとは周波数が倍になることに相当するが，例えば時報の低い音は440 Hz，高い音は880 Hzで1オクターブ高い音（周波数が2倍）である．4000 Hzの2倍は8000 Hzであることから，高い周波数ほど1オクターブの周波数の範囲が広くなるので，人は低い周波数帯の10 Hzの差異は明確に聞き分けられるが，高い周波数帯での10 Hzの違いを聞き分けることは難しい[1]．

1.1.4　知覚される音——耳

　地上に生活する我々の周囲は空気で覆われている．当然のことながら，空気は音を聞く耳の孔の奥まで入り込んでいる．耳の孔の突き当りにあるのが「鼓膜」である．空気がどこかで動いたとき，大気は3次元なので同心の球状に波動が発生する．球面波の中心部から十分離れた波は波面が進行方向に垂直であるからこのような部分を取り出してみると，これはほぼ平面波で，1次元的モデルとみなすことができる．多くの試行モデルで平面波が取り上げられるのはこのためである．

　空気中を伝わる音の実態は空気の圧力が高くなったり低くなったりする圧力変動（疎密波）である．この圧力変動は障害物のない空間では20℃で約340 m/sで伝播する（気温が上がると速さも上がる）．この気圧の高低が鼓膜の周囲の空気に伝わり，鼓膜が震えて人は音を感じることになる．図1.2は耳の全体的な構造である[2,3]．

a.　外耳，鼓膜

　表皮が最も身体の奥まで入り込んでいる部分が耳の孔，つまり「外耳道」である．外耳道の突き当りが鼓膜である．鼓膜は内耳と外耳との境界にあり，その

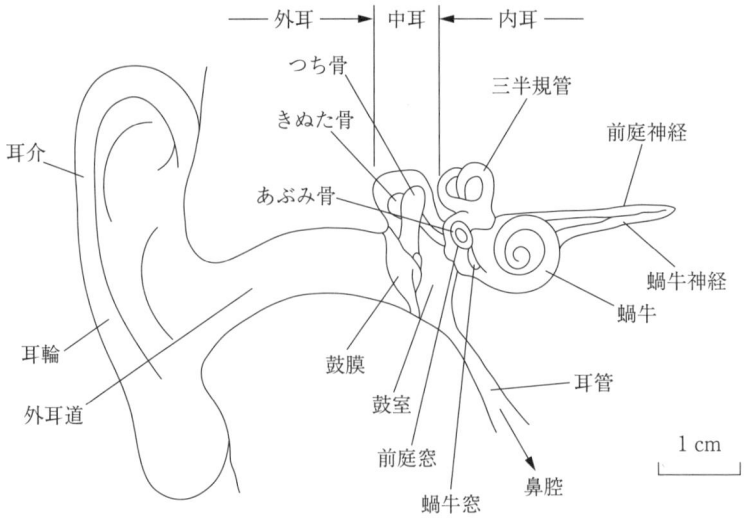

図 1.2　耳の構造

感度は鋭く空気のわずかな震えも音として感じ取ることができる．鼓膜の直径は約 8 mm，厚さは 0.1 mm 程度，円形あるいは楕円形の膜で内耳側へ向かって漏斗状の形をしている．

b. 中耳

鼓膜の内側は小空間になっていて「鼓室」とよばれている．鼓膜から内側の鼓室部分を「中耳」とよぶ．壁は粘液で覆われて湿り気が多い．空間の1つの面が円形の壁で，これが鼓膜の内側に相当する．外部から音が到来すると円形の壁が振動する．

鼓室の中には鼓膜の振動を効率よく聴覚神経に伝えるための機能をもつ「耳小骨」が収められている．耳小骨は，米粒の半分ほどの小さな骨で，鼓膜に近い側から「つち骨」，「きぬた骨」，「あぶみ骨」の3つの骨で構成されている．これらの3つの小骨は筋肉によって鼓室の壁からぶら下がるようにして組み合わされている．

c. 内耳

　外来の刺激を脳に伝えるには神経細胞が不可欠で，音は聴覚神経によって捉えられる．聴覚神経は中耳よりも奥まった位置にある「内耳」とよばれる部分，カタツムリの殻のような形をした「蝸牛」とよばれる器官の中に収められている．この蝸牛の中はリンパ液で満たされていて，聴覚細胞はリンパ液に浸っている．鼓膜の震えは，耳小骨によって蝸牛の特定の部分（蝸牛窓または前庭窓とよぶ）に伝えられ，蝸牛のなかのリンパ液を振動させることになる．リンパ液の振動は蝸牛内の薄い膜を振動させて聴細胞を刺激し，その刺激が電気信号として蝸牛神経，聴覚神経を伝わって大脳の「聴覚中枢」に送られる．

　鼓膜の震えをリンパ液という液体に効率よく伝えるのが耳小骨の役割で，このような仕組みになっている．これは1つの伝達整合器をなし，この仕組みによって鼓膜が捉えた音の振動エネルギーの約60%が内耳に伝えられるといわれている．

d. 高音と低音

　ここで空気中の波について考えてみる．人の聴覚で捉えることのできる波には限度がある．健全な聴力の人は20 Hzから20000 Hzまでの音を聞くことができるといわれている．20 Hz未満の低音や20000 Hzを超える高音を人間は音として感じ取ることができない．20 Hzから20000 Hzまでの周波数範囲を「可聴周波数範囲」とよんでいる．可聴周波数範囲よりも高い周波数範囲の音は「超音波」，低い方は「超低周波音」とよばれている．また聞くことができる音の大きさには限界があり，極端に弱い音は聞き取ることができず，強い音は疼痛となる．

　一般的な人が感じる音の大きさ（ラウドネス）の周波数特性を一枚にまとめた図が「聴感（等ラウドネス）曲線」である（図1.3）．横軸が周波数，縦軸は音圧レベルを表している．耳の感度は周波数によって異なり，等ラウドネス曲線で下に出ている部分が感度の高い周波数領域，跳ね上がった部分は感度の低い周波数領域を表している．3500 Hz付近の周波数成分で構成される音は，人の耳に強いインパクトを与えることを示している．警笛，アラーム音や電話の着信音などに使われている音はこの領域である．信号としての役割には最適であるが，刺激的な音であるため耳障りと感じる音でもある．

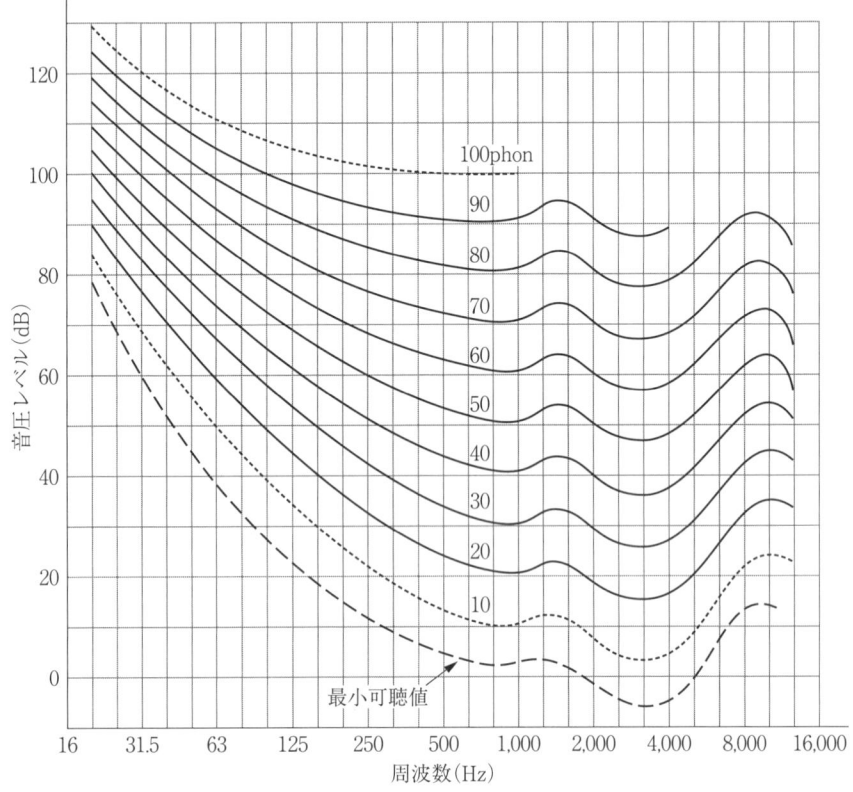

図 1.3　聴感（等ラウドネス）曲線（ISO 226(2003)）

1.1.5　音質の評価および分析方法

　音は前述のように多少の差異はあっても老若男女を問わず聞き分けられ，好き嫌いなどは主観的に判断される．しかし，同じ自動車車室内音でも，朝の清々しい気分の時と，疲労している時では好まれる音質が異なることがあり，音の評価は各人の心理状態に依存する．

　音質の主観的な判断は，客観的な音圧や周波数だけで表現することは難しく，SD法（Semantic Differential Method）や一対比較法など人の官能検査に基づいた音質評価で行うことが一般的である[1]．

SD法とは聞いた音に対していくつかの形容詞対を用いて主観的に評価する方法であり，一対比較法とはいくつかの音を2つずつ交互に聞いて判断する方法である．コンピュータを用いたフィルタ処理で音圧バランスや周波数特性を変更し，仮想的に音を再生する音響シミュレーションを用いることで，音質の変更前後を聞き比べることができる．

音質の心理的な要因を定量的に分析する心理音響評価尺度の代表として，音の大きさを示すラウドネス，粗さを示すラフネス，甲高さを示すシャープネス，変動感を示す変動強度などがある．人は同じ音であっても周波数により異なった大きさに聞こえ，この聴感特性を考慮したものがラウドネスである．また特定の音のために他の音が聞こえ難くなるマスキング効果が存在する．一方，シャープネスは高い周波数が含まれる割合を示し，ラフネスは70 Hz付近の振幅または周波数変調の割合を示す．変動強度は4 Hz付近のゆっくりした変動の割合を示す．

このようにいろいろな心理音響評価尺度が提案され，主観的な評価を数値でおき換える試みがなされているが，1つの指標だけで音質を完全に表すことは難しく，いくつかの尺度を組み合わせて表すこともある[4]．

一方，生体情報を用いた音質評価がある．図1.4は呼吸の周波数データのピーク値変動係数を用いて音質評価係数(Sound Quality Coefficient, SQC)を算出したものである．快音，ランダムサウンド，騒音の3種類の音の差異が明確

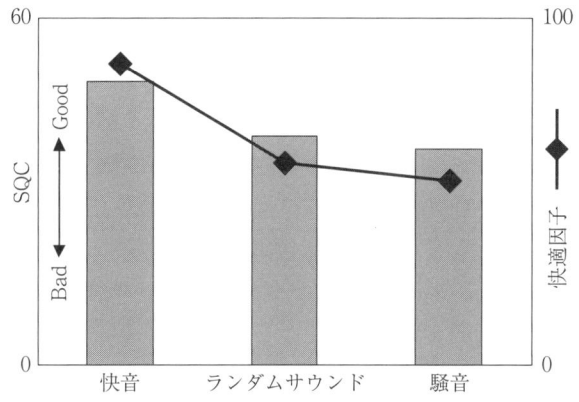

図1.4　生体情報およびSD法による音質評価

に判定できている．また，SD法に基づき因子分析して得られた快適因子と音質評価係数を比較すると，相関係数が0.95と高いことが確認されている[5]．一方，簡易な装置で唾液中のアミラーゼから交感神経の活性変化を測定し，ストレスの定量化による音質評価への応用が行われている[6]．このような音による生体反応を定量的に評価する技術もさまざまな研究が行われている．

1.2 騒音とは

騒音とは日本工業規格（JIS Z 8106）によると，『望ましくない音，例えば，音声，音楽などの聴取を妨害したり，生活に障害，苦痛を与えたりする音』と明記されている[7]．また，音響学会の音響用語辞典には，「いかなる音でも聞き手にとって不快な音，邪魔な音と受け止められると，その音は騒音となる」と定義されている[8]．すなわち，騒音とは聞く人に好ましくない印象を与える音の総称である．騒音を客観的な物理量によって定義することは大変難しい．例えばピアノを弾いている人にとってピアノの音は好ましい音であっても，隣家の人にとって好ましい音とは限らない[3]．

1.2.1 騒音の発生・伝播

騒音は通常ただ音とよばれるものが重畳した空気の波であり，その発生，伝播において1.1節の音（振動）の発生原因，音や振動の伝播と基本的に異なるものではない．

a. 騒音の発生

日常生活において人々が騒音と感じるものには工場の機械や高圧の気体，液体などから発生する工場騒音，建設作業現場での杭打機械，ブルドーザなどの建設機械から発生する建築騒音，新幹線の走行時あるいは高速道路を自動車が走行するときに発生する交通騒音がある．また，オフィス内という限られた空間において事務機器から発生する音による機械騒音などがある．これらの騒音源で発生している騒音の主な原因を大きく分けると，次の2つになる[3,9]．

・固体の振動に起因するもの

　ある表面積をもつ個体が空気中で振動すると音波を発生する．振動物体が板

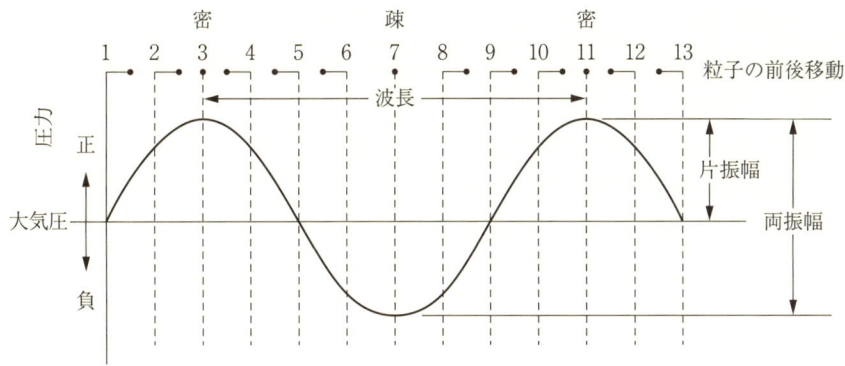

図 1.5　正弦波の音波（疎密波）

の場合，板が面外へ動くと板の動いた方向の空気は圧縮されて空気の粒子は密となり圧力が高くなる．反対に，板の裏側の空気の粒子は疎となり，圧力が低下する．そのような空気の粒子が交互に疎と密を繰り返す波を疎密波という．

太鼓の膜や板に限らず，どのような固体でも打撃を与えると大なり小なり振動する．このように固体が振動すると，図 1.5 に示すように空気の圧力の高低が生じ，それらが隣接の空気に伝わり波となって次第に固体から放射される．このような圧力の高低の波が音である．音は空気だけでなく液体や固体内も伝わる．このように，人々の生活環境には，固体が振動することによって音を発生している場合が極めて多い．

・流体の動きに起因するもの

　空気流によって発生する各種騒音を空力学的音（aerodynamic sound）という．何らかの原因で媒質（空気）の密度が変化すると音波が発生する．この密度変化の原因としては上述の個体の振動も含めて，流体の体積変化（急激な膨張，爆発）や乱れ（乱流による渦の発生）などがある．例えばジェット騒音や電線に強い風があたるときの音などである．流体が容器内を流れると，流動に伴って流体が振動し音が発生することがある．流体振動が収納容器を振動させ，容器の外側が周辺の空気を振動させて音（二次音）を生じる．このように気体や液体が高速で移動する現象は，自然界のみならず工場，交通機関などでも多くみられる．流体による騒音には渦が深く関係している．

b. 音の伝わる速さ

音は疎密波であり，その伝播は空気粒子の密なところと疎なところが交互に発生して移動する，すなわち空気の圧力の高低の波が移動する現象である．空気は条件の変化によりその状態が変わる．したがって，音の伝わる速さも大気圧，温度，比熱などが変化すると変わる．空気中よりは水素，ヘリウムのように密度の小さい気体中を伝わる音の方が速い．

音の速さは吹く風と同じ方向に音が伝わる場合には大きくなるが，風の吹く方向と逆方向に音が伝わる場合は音の速さは小さくなる．

音が伝わる経路に障害物がある場合，音は障害物を乗り越え反射・回折を繰り返しながら伝わるため，音のみかけの速さが遅くなったように感じることがある．音の伝わる経路と距離に注意することが大切である．

・音の拡がりによる減衰

空気が振動すると音が発生する．きわめて広い障害物のない空間（自由空間という）にある点音源から出る音響エネルギーは，自由空間のすべての方向に一様に放射する．このような条件のもとでは音は音源から球面状に拡がって行く．したがって，音源の音響出力をパワー W [W] として，音源から距離 r における音の強さ I は，球の表面積 $4\pi r^2$ を用いて，

$$I = \frac{W}{4\pi r^2} \text{ [W/m}^2\text{]} \tag{1.1}$$

となる．I は伝搬方向に垂直な単位面積を通過する音のパワーである．このように音源から離れるにしたがって音の強さは小さくなる．音源からの距離が2倍になると面積は距離の比の2乗となり，音の強さは2乗分の1となる．

1.2.2 騒音対策と音環境

環境問題が社会的に大きく取り上げられており，そのなかで騒音問題は多くの人々の身近な問題の1つである．工場騒音，建築騒音，交通騒音，オフィス騒音，近隣騒音，生活騒音など人が聞いて「好ましくない音」全てが騒音問題の対象となる．家庭や職場での騒音を低減し，音の風景を示すサウンドスケープ，音の心地よさを示すサウンドアメニティなど快適な音環境で生活することの大切さへの認識が高くなっており，最近では自動車や家電製品などに対して「それらしい音」，さらには「心地よい音」を求めるサウンドデザインを考慮した

製品開発が行われている[3,10,11]．

a. 騒音対策の基本

　静かな環境を実現するため，生産工場や建設現場などにおいては種々の静音化の技術を駆使して騒音対策を施し，騒音レベルを低くして好ましい作業環境への改善が進んでいる．

　どのような音源から発生する騒音でも静音化するための方策は，①音源に対する対策，②人に騒音が伝わる伝達経路での対策，③人に対する対策，の3つである．人に対する対策は，耳栓をするなどであるがこれは心地よいものではない．音源対策と，騒音が伝わる伝達経路での対策の2つにおいて，騒音の特性をよく調べたうえで，効果的な方法を選択することが大切である．

　音源に対する対策を立てる場合には，発生する騒音の性質を見極めることが必要である．1)どこで発生しているのか，2)何によって発生しているのか，3)どのような音響特性をもっているのか，を知ることが必要である．

1)　騒音がどこで発生しているのか

　騒音発生源が単独で明確な場合，その対策には騒音源の音響特性のみに着目すればよい．しかし，騒音源が複数個ある場合にはどの音源がどの程度寄与しているかを明らかにする必要がある．さらに環境全域に騒音源が分布している場合には騒音源の抽出が必要になる．寄与の割合，騒音源の抽出の手法についてはさまざまな方法が提案されている[10,11]．

2)　騒音が何によって発生しているのか

　次に大切なことは，騒音の発生している原因を知ることである．一般の機械装置は騒音とともに，必ず振動を伴っており固体伝播音の寄与に留意しなければならない．工場などで発生する騒音は機械装置や床，壁などの固体振動によりその周辺の空気に疎密波が発生して騒音の原因となる．空気伝播による騒音と固体伝播による騒音では，対策が大きく異なる．

　また，騒音の発生する原因として流体の振動がある．気体や液体が高速で移動して発生することや，流体が容器内を流れることで流体振動が収納容器を振動させ発生する騒音がある．

3)　騒音がどのような音響特性をもっているのか

　騒音対策を立てるためには騒音がどのような音響特性をもっているかを知る

ことが必要である．必ずしも音源からは常に一様に音響エネルギーが放射されるとは限らないし，複数の音源が近接していると，周辺への音響エネルギーの全放射量は一様な分布にはならない．音圧レベルあるいは騒音レベルとともに周波数的な性質，空間的な分布，時間変動などを知る必要がある．周波数特性の把握は重要である．

以上のように騒音対策を立てるには騒音の発生位置や経路，発生の要因と，どのような音響特性をもっているかを知ることが不可欠である．

従来このような騒音対策には吸音材，遮音材，防振材などを用いる受動騒音制御（Passive Noise Control, PNC）が用いられてきた．一方，能動騒音制御（Active Noise Control, ANC）は古くから原理自体は提案されていたが，近年の電子技術，デジタル信号処理技術の急速な発展に伴って能動騒音制御が実用化されるようになってきた．PNC，ANC それぞれの特徴を理解し適宜適用することにより効果的な騒音対策がなされる必要がある[12]．

b. 音環境

従来の音響学ではわずかな音を明確に聞き取る技術の開発が研究の目的の1つに位置付けられていた．また，音が手近な通信手段だったので，音をいかに遠くまで送ることができるかについての研究も盛んに展開されていた．

これとは逆に，現在では音をできるだけ広い範囲に拡がることがないようにすることが音響学の主要な研究課題になってきている．いわゆる「騒音低減対策」についての研究である．

今日では音環境の保全，さらに快音化から機能性を有する音響空間，スマートサウンドスペースの構築により音を積極的に活用して人の活動を支援することに利用されている[13]．音環境はその環境に生活する人によって主観的に評価されるが，騒音の規制基準を定める場合などでは客観的な物理量に基づいて予測する必要がある．環境省は好ましい生活環境を保全するために騒音に関わる環境基準を取りまとめるとともにさまざまな啓蒙活動を活発に展開している[14]．

文献
1）戸井武司：トコトンやさしい音の本，日刊工業新聞社（2004）．

2) 山下充康：謎解き音響学，丸善出版(2004)．
3) 一宮亮一：わかりやすい静音化技術，工業調査会(1999)．
4) 戸井武司："快音設計のススメとその手順"，機械設計，**48**(2)，pp. 36-45, 2004.
5) 吉田拓人，山口雅夫，大久保信行，戸井武司："呼吸のピーク値の変動を用いた音質評価"，音響学会講演論文集，pp. 765-766, 2007.
6) 有光哲彦，曹浣豪，戸井武司："生体情報に基づく音環境変化時の知的生産活動の状態把握"，騒音制御工学講演論文集．pp. 85-88, 2011.
7) 日本工業規格 JIS Z 8106 音響用語(一般)，日本規格協会(2000)．
8) 日本音響学会編：音響用語辞典，コロナ社(1988)．
9) 新環境管理設備事典編集委員会編：騒音・振動防止機器活用事典，産業調査会(1995)．
10) 田中基八郎，戸井武司，佐藤太一：静音化＆快音化 設計技術ハンドブック，三松(2012)．
11) 日本音響材料協会編：騒音・振動ハンドブック，技報堂出版(1982)．
12) 西村正治，宇佐川毅，伊勢史郎：アクティブノイズコントロール，コロナ社(2006)．
13) 戸井武司："音環境に機能性を有するスマートサウンドスペース"，騒音制御工学会講演論文集，pp. 61-64, 2011.
14) 時田保夫監修：音環境と制御技術 第Ⅰ巻 基礎技術，フジ・テクノシステム(2000)．

第 2 章

静かな音環境づくり
音響・振動能動制御技術

　本章では音響および振動の能動制御技術の概要にふれた後，具体的な応用例を紹介する．実用化されたもの，試作段階のものなどが混在しているが，さまざまな分野における例について述べる．この技術がどのような分野に利用されているのかご覧いただき，さらなる応用への助けにしていただきたい．

2.1 音響・振動能動制御とは
2.1.1 能動制御と受動制御

　音響および振動においての能動制御および受動制御について述べる．
　音響・振動制御とは制御対象の状態を，何らかの手段によって目的に沿うように別の状態に変化させることであり，その実現方法には大きく分けて受動制御と能動制御の 2 つがある．前者は外部から特別なエネルギーを注入することなく対応する方式である．音響制御では音場に吸音材を貼付することなどがあり，振動制御では各種ダンパや動吸振器などの制振装置を用いて行う．一方，後者は外部からエネルギーを注入して積極的に制御を行う方法である．能動音響制御ははじめから場に存在する 1 次音源とは別に，制御用の音源として 2 次音源を配置し，音波の干渉を利用して制御を行う．能動振動制御では適切な入力をアクチュエータに作用させて，制御対象の運動や振動を希望する状態に変化させる．また能動音響制御は騒音の低減を目的とする場合が多いため，能動騒音制御（Active Noise Control, ANC）あるいは能動消音ともいわれる．アクチュエータとは，入力されたエネルギーを物理的な運動に変換する装置である．
　能動制御は，最近のディジタル信号処理（制御）技術の急速な発展に伴って実用化が進み，いろいろな場面で応用されるようになってきた[1]．

2.1.2 低騒音化と低振動化

　本項では文献[2,3]を参考にして考えていく．人々は生活する中で自動車の音，鉄道車両の音，建築現場の音，工場の各種機械の音，電化製品の音などさまざまな音にさらされている．これらの音のなかには不快な音，好ましくない音など，騒音と感じる音が多く含まれている．その影響は直接的なものと間接的なものが考えられる．直接的な影響は長時間騒音にさらされていると難聴になることがあげられる．間接的なものは騒音が原因となって引き起こされるもので，情緒的被害，休憩・睡眠妨害，さらには胃腸障害など身体的な影響が発生する．当然のことながら，その騒音に対する苦情も出る．したがって，静かな環境のもとで生活，仕事ができることが大切であり，そのためには発生している騒音を低減する必要がある．

　騒音対策を施す場所としては音源側，伝播経路，受音側に大別できる．音源対策が最も効果的であるが，一般の騒音対策は伝播経路におけるものが多い．音源の遮蔽，防振支持など，音源・振動源にできるだけ近い箇所で実施するのが望ましい．受音側の最も簡単な対策としては耳栓などもあるが，空港，新幹線騒音などに対して行われている民家の2重ガラス窓のような防音窓設置もある．騒音防止対策(低騒音化)の種類と内容を表2.1に示す．以下，個別の対策についてもう少し詳しく述べる．

a. 音源対策

　騒音を低減するために最も大切なことは，音源から出る音響エネルギーや放射効率を低減することである．障害はもとから断つのが肝心である．障害となっている設備を他所に移動するだけで，防止施設が簡単で済む場合がある一方，音源対策をしなかったために，大規模な防止施設を必要とする場合もある．特に，機器や配置の選定など計画の段階での音源対策は極めて効果的である．

b. 遮音構造

　空気音に対しては遮音構造体を設置することが基本的な防止対策であり，音源側，伝播経路，受音側のいずれか，あるいはそれぞれに遮音壁を設ける．遮

表 2.1 居住空間などに対する騒音防止対策の種類と内容

実施場所 機能	音源側	伝播経路	受音側
遮音	音源を壁などで覆う（音源の遮蔽）	遮音壁，塀などによる遮音，迂回路など	受音空間を覆う（遮音構造，塀などによる遮蔽外部騒音に対する住宅の遮音）
吸音	音源空間壁の吸音材貼付（音源室の吸音処理）	騒音伝達経路の吸音処理（廊下，ダクト内の吸音処理，多重壁の間に吸音材充填）	受音空間壁の吸音材貼付（室内の吸音処理）
防振	振動体からの振動伝達低減（振動源の防振，機械の防振設置，浮き床）	振動伝達経路の制振（ダクト，パイプの防振，フレキシブルジョイント（パイプ），エキスパンションジョイント（構造体），多重壁の防振支持）	受振点への振動伝達低減（浮き構造，浮き床，精密機器の防振，音源が広範囲に分かれた場合は左と同じ）
制振	振動体自身の振動低減（機器のカバーの制振）	振動伝達経路の制振（ダクト外壁のダンピング，鉄道用鋼橋の制振）	受振点への振動伝達低減
その他	音源自身の発音・放音効率の低減		マスキング効果の利用（BGM など）

音構造壁には以下のような特徴がある（4.2.1 項参照）．

・遮音性能はその構造体の重量に依存する．
・大きな遮音性能を実現するためには 2 重以上の複合構造を必要とする．

c. 防音塀

防音塀は，塀の上端が開いているもので音源を完全に遮断できないが，遮音構造に代わる対策として有効であり，広く利用されている．その効果の見積りについては前川のチャートが知られている[4]．防音塀の特徴を以下に示す．

・塀の効果は音源，受音点ができるだけ塀の根本に近い場合ほど大きい．
・塀の効果を高めるファクターは高さである．

d. 吸音処理

　各種の騒音防止対策の中で，吸音処理の効果は単純ではない．それは，大きな空間では音源からの直接音(1次音源)に対する効果は小さく，主として反射音(2次音源)に対する低減効果が期待できるに過ぎないからである(4.2.2項参照)．その機能と効果を以下にまとめてみる．

- 室内を吸音処理することにより室内の平均エネルギー密度を低下させることができる．
- 遮音層にグラスウール，ロックウールなどの多孔質材料を付加することによって，透過損失をある程度増加させることができる．

e. 防振

　防振には振動源側の防振と受振側の防振の2つがある．設置されている各種機械の防振は前者の例であり，設備機械室に隣接する部屋を防振支持するのは後者の例である．一般の騒音低減対策では振動源への防振が最も多い．防振を行う場合の注意事項を以下に示す．

- 実際の基盤構造体の剛性は無限大ではなく，単純化すれば図2.1に示すように2自由度の振動系となり，場合によっては基礎のスラブが振動し，設備機械が振動しない状態が生じることもある．防振設置する場合には，基礎の剛性をチェックする必要がある．
- 通常，基盤への伝達の防止というと垂直方向の振動の遮断を考える．しか

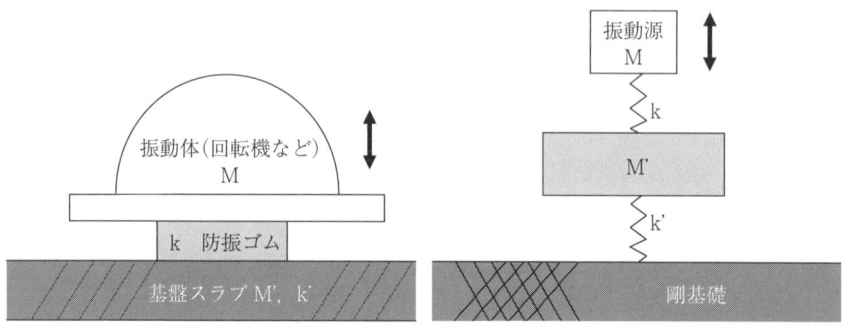

(a)具体的モデル　　　　　　(b)2自由度の振動系モデル

図2.1　基盤上の振動体

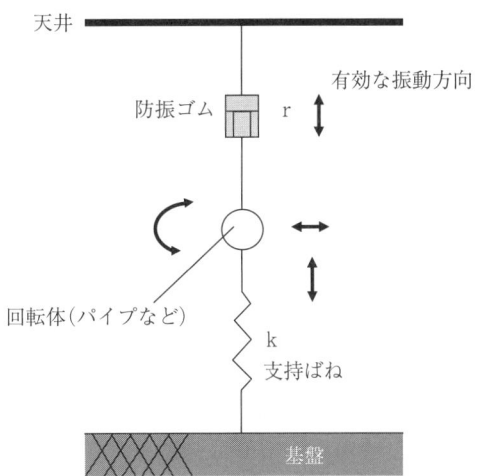

図 2.2 防振ゴムが有効でない場合の例
ただし天井が剛であるとは限らない

し,物体の回転も含めると断面についてだけでも 3 自由度をもっている.図 2.2 に示すような回転系の防振系では,図に示したような 3 つの振動に対して,防振ゴムの効果が有効なのは上下方向の振動に対してだけである.各振動の方向を確認のうえ,防振対策を実施する必要がある.

ダンピングは,制動や制振ともいわれる.低騒音化対策では,機械のカバーなどの薄いパネルの共振を抑えるために,ゴムやアスファルト系のシートや粘性材料を塗布したり,吹き付けたりする.低騒音化対策の手段としては,遮音,防振,吸音などの基本的な対策を実施したうえでの補助的なものであろう.

f. 低振動化

機械や構造物において振動,騒音を低減することは,安全性,性能,信頼性,快適性,商品性,公害防止などの面で大変重要な問題である.自動車や列車では乗員の快適性と外部騒音公害防止が大切である.電化製品や事務機器は静粛性が商品価値になる.工作機械のびびり振動は工作精度の劣化を招くだけでなく工具もダメにしてしまう.チェーンソーや削岩機などは白蝋病など労働災害を引き起こす.高層建築物は地震,風,環境振動への対策が必要である.

振動対策の場所としては，発生源，伝達系，応答系に大別できる．1.1.2項と同様に自動車を例にとれば，発生源対策としてはタイヤ表面パターンの改良，エンジンの燃焼制御と構造最適化などである．また，伝達系対策ではエンジンマウント，サスペンション，シャシ，ブッシュなどによる振動遮断がある．さらに応答系の対策としては，車体の構造最適化や制振材料の使用などがある．

一般に，振動対策は騒音対策と同様に上流で行う方が望ましい．しかし，振動や音の発生源は同時にエネルギーの発生と変換の場であることが多く，エネルギー効率を低下させないで振動を対策するには限界がある．また，振動の伝達系は同時に力の伝達系であり，運動など他の性能の決定部分になることが多く，それらとのトレードオフによって振動対策には限界がある．そこで応答系での対策が不可欠となる．

振動の低減技術は，遮断，防振，制振に分けられる．遮断は入力を低減させるものであり伝達系で行う．防振は，構造的な対策を行うことにより振動を防止するものであり，構造体の動特性の改善は主に質量と剛性の最適化により行われる．防振は設計段階で行う改善と試作試験による不具合対策に分けられる．設計の早期に実動時の動挙動（目的の状態にいたるまでの動き）を正しく予測することにより前者を重視し，後者はできるだけ避けることが望ましい．前者に対しては，有限要素法[*1]，理論モード解析[*2]など，コンピュータ支援によるシミュレーションと最適設計の方法が用いられる．後者に対しては実験モード解析が主な手段となる．

制振は，振動の力学的エネルギーを熱エネルギーに変えて消散させることにより振動を低減するものであり，おもに減衰機能の付加により行われる．制振は，制振器を用いる方法と制振材を用いる方法に分けることができる．図2.3と図2.4に振動対策の場所と方法を示す．

・制振器を用いる方法

制振器を用いる制振方法は，能動制御，受動制御，半能動制御に分けられ

[*1] 有限要素法：数値解析の手法であり，対象を微小で単純な要素の集合体とみなして要素モデルを構築し，全体の挙動を求めるものである．

[*2] 理論モード解析：対象物を有限要素法などでモデル化し，計算によってモード特性を求める方法であり，実験モード解析は振動試験によって実験的に系の動的な性質をモード特性の形で抽出する方法である．

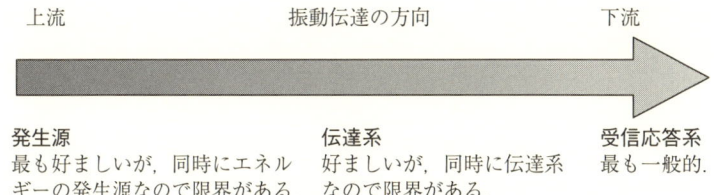

図2.3 振動伝達の流れと対策の場所

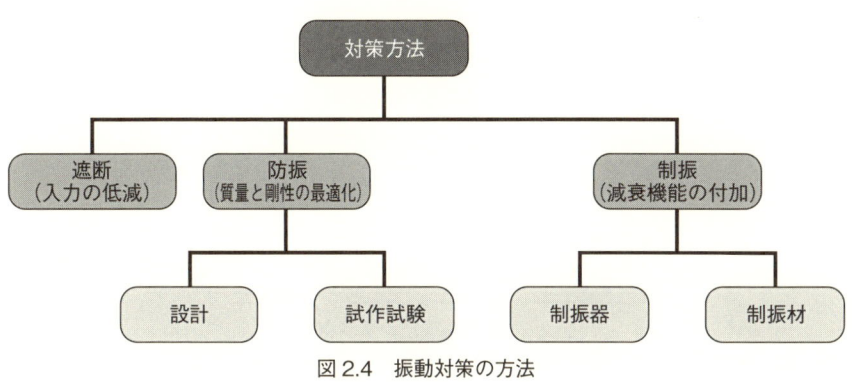

図2.4 振動対策の方法

る．

　能動制御は，外部からエネルギーを供給することによって振動を強制的に抑え込んでしまう方法で，いわば毒をもって毒を制す手法である．うまく用いればあらゆる制御技術の中で最も効果的である反面，失敗すれば供給されたエネルギーがかえって振動を著しく増大させるスピールオーバあるいは正帰還とよばれる問題現象が発生する恐れがある．能動制御では，外部からのエネルギーを利用するのは勿論だが，振動を検知するセンサ，制御頭脳としてのコンピュータかプロセッサ，外部から供給されるエネルギーを力に変換して対象物に作用させるアクチュエータなどを付加する必要がある．

　受動制御は，対象物の振動エネルギーを吸収する機器を付加する方法であり，機器としてはほとんど動吸振器が用いられる．動吸振器は，特定の周波数や固有モードに対してしか有効でないので，正体がはっきり把握できて，しかも大きな障害となる周波数成分をもつ場合にしか有効でない．

　半能動制御には，制御対象の状態に応じて受動制振器の動特性を適応的に変

化させる方法と，能動制御と受動制振を併用する方法に分けられる．いずれの方法も，能動制御よりはるかに少ないながらも外部からエネルギーを供給する必要があること，特殊な制御器が必要なことなどから，可能な用途が限られよう．図2.5に制振器を用いる制振方法の分類を示す．

・制振材料を用いる方法

上記の制振器が，対象とする点に適用するのに対して，面的に分布する場合

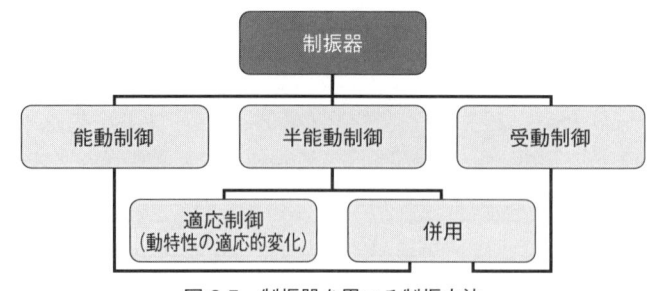

図2.5　制振器を用いる制振方法

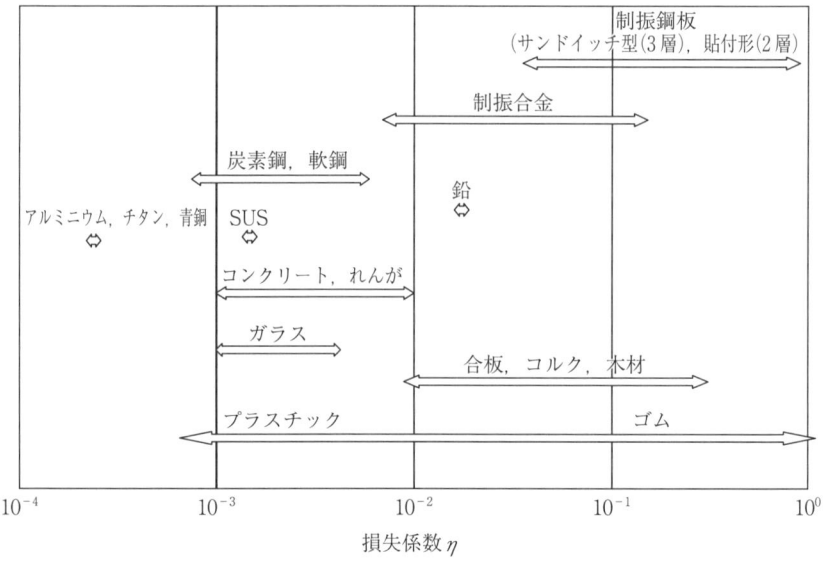

図2.6　各種材料の損失係数(室温)（制振工学ハンドブック編集委員会(編)，制振工学ハンドブック，(2008)，p.10，コロナ社）

に適用する手段がある．制振材料を用いる方法は，程度の差はあるが，あらゆる種類の振動に対して有効であるうえに使い方が簡単なので，制振の最も一般的な方法として多くの機械や構造物に用いられている．

図2.6は，損失係数とよばれる制振性能指標を用いて種々の材料を比較した例である．このなかで損失係数の大きい材料は，制振材料として利用できる．制振合金は材料自体の減衰が特に大きい材料であるが，剛性，強度，粘性，耐腐食性を犠牲にする形で高減衰を実現しているので，構造部材としては適さない．また，高価であり，加工や割合低い温度(90℃くらい)で特性を失うことがあるなど，あまり一般的でない．アスファルト，高分子材，ゴムなどを挟んだあるいは貼付された制振鋼板がよく用いられる(4.2.3項参照)．

2.2　音響の能動制御

音響と振動は不可分の関係にある．音は物体が振動することにより発生し，また逆に音(空気の圧力の変動)により物体が振動することもある．本節では主に音響に関わる能動制御技術の適用例を紹介する．快適な音環境を作るための基本は静粛化技術である．以下，具体的な音響の能動制御の応用例について述べる．

2.2.1　能動制御による冷蔵庫の低騒音化

ここでは冷蔵庫から発生する騒音を，能動制御技術を用いて低減した例を紹介する．近年の冷蔵庫は大型化しており，また終日使用することから静粛性が求められている．そのレベルは家庭内の暗騒音(background noise)が目安となっている．暗騒音とはある音を対象としたとき，その音がないときのその場所における「騒音」のことをいう．冷蔵庫から発生する騒音は気体を圧縮するための機械のコンプレッサ音，流体音，送風音，ファンの音などだが，コンプレッサから発生する騒音の比率が高いことからこの音を低減することを目的としている[5~7]．

能動制御技術は使用する電子素子の発達によるところが大きい．特にDSP (Digital Signal Processor, 6.1.2項参照)とよばれる高速な演算素子の発達と歩調を合わせて進んできている．この技術を音響系の制御に適用する．冷蔵庫は

冷蔵庫機械室　　コンプレッサ

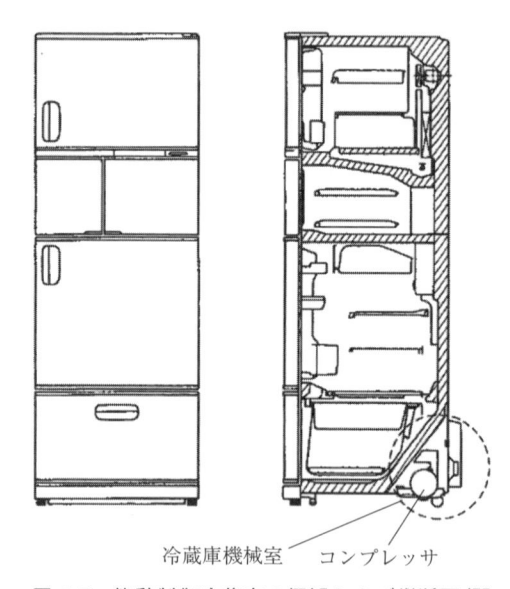

図 2.7　能動制御冷蔵庫の概観および縦断面(関口, 中西, 猿田, 能動制御超静音型冷蔵庫 GR-W40NVI, 東芝レビュー, 46(5), pp. 443-446, 1991)
能動制御システムは冷蔵庫下部, コンプレッサのある機械室に設置されている.

次のような構造をしている．図 2.7 に冷蔵庫の概略図を示す．音は本質的に3次元的に放射するのだが簡単な構成で消音するため，コンプレッサ部は放熱用開口部を除き密閉・遮音し，一方向だけに音が伝播するダクト構造にしてある．コンプレッサや配管は後部の細長い機械室に収納されている．この機械室の断面図を図 2.8 に示す．機械室にはコンプレッサからの熱を外部へ逃がすための放熱口(開口部)があり，完全に覆うことができない．そのため，騒音もこの放熱口から放射されることになる．

　広い周波数帯域にわたるコンプレッサの音を低減するため，低周波音は能動制御により，また，高周波音は従来の遮音・吸音技術により低減する．すなわち放熱口から放射される低い周波数成分の騒音を能動制御技術で低減するのである．音の変動に対し高速・正確に逆位相の音を作成するため，専用のDSPを用いて信号処理を行う．

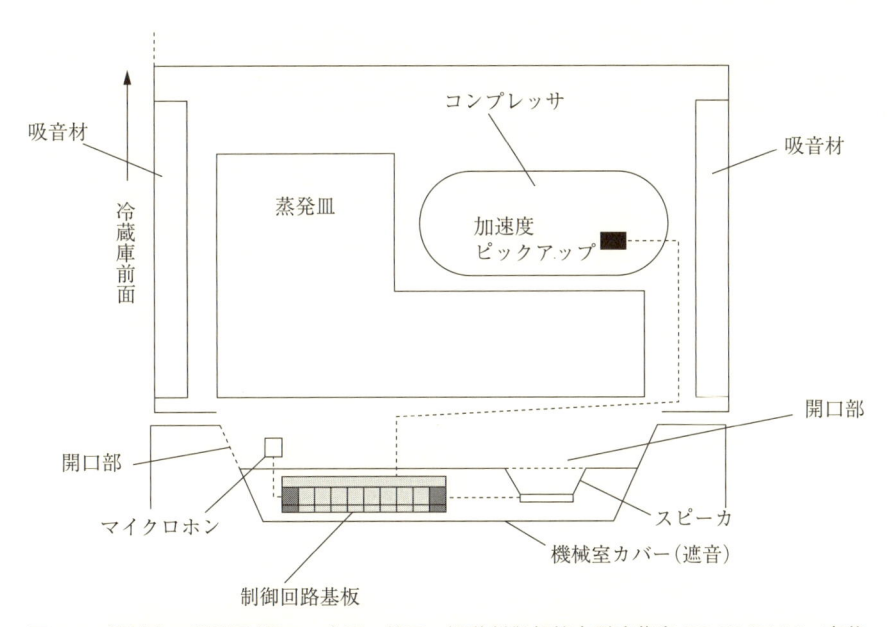

図 2.8 機械室の横断面(関口, 中西, 猿田, 能動制御超静音型冷蔵庫 GR-W40NVI, 東芝レビュー, 46(5), pp. 443-446, 1991)
機械室内に制御回路基板, スピーカ, マイクロホン, 振動センサの能動制御部品すべてが設置されている.

コンプレッサからの放射音は電磁音と回転音の組み合わさったものである.騒音を検知するのは通常マイクロホンが使われるのであるが,ここでは音響帰還を小さくする意味で(ハウリングを起こさないように)コンプレッサからの音のもとになる振動を,加速度ピックアップ(および電源周波数)を用いて検出している.この信号をもとに制御回路で逆位相音を作成し,スピーカから発生させ,機械室開口部で消音する(5.4 節参照).

コンプレッサ音は図 2.9 に示すように,多数のスペクトルからなるが,主として回転音とモータ音のスペクトルから構成される.回転音とモータ音の周波数は近接していて数 Hz 以内にある.これに対処するために,機構部の回転に起因する回転音と,電動機の固定子-回転子間に働く電磁的トルク変動に起因するモータ音を分離して,別々の回路で信号処理をする(トルクとは一般的には「ねじりの強さ」として表わされる).具体的にはコンプレッサ回転周波数

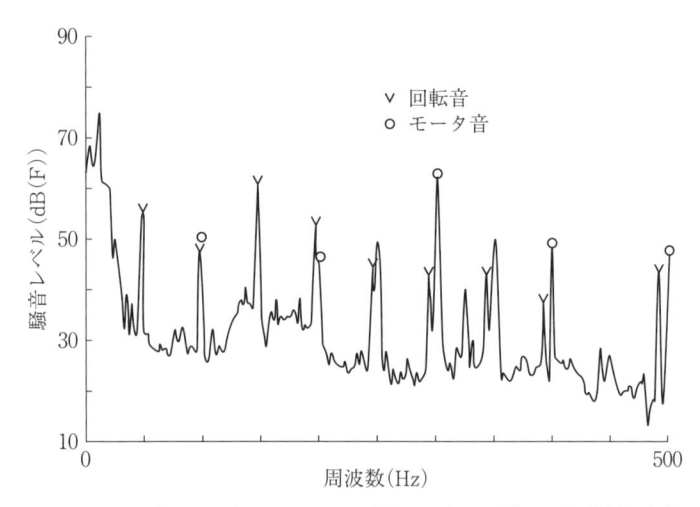

図 2.9 コンプレッサ音のスペクトル(関口,中西,猿田,能動制御超静音型冷蔵庫 GR-W40NVI,東芝レビュー,46(5),pp. 443-446,1991)
主として回転音とモータ音のスペクトルで構成される.このような音の制御には周波数分解能を高くする必要がある.

を振動により検出し,これをもとに回転音と同じ周波数のスペクトルを人工的に作り出す.モータ音を検出するためには電源周波数を検出し,これをもとにモータ音と同じ周波数のスペクトルを作り出す.こうして逆位相音を別々に作成して最終的に1つのスピーカに入力する.実際の信号処理過程を図2.10に示す.

単純な能動制御システムでは,検出した音源信号にあらかじめ記憶したコンプレッサ音と逆位相となるような音の伝播特性を重み付けして,スピーカから出力することができる.しかしこの場合は,音源に変動が生じた場合にうまく対処(消音)ができなくなる.実際には冷蔵庫の運転状態により,音の伝播特性は変化する.また冷蔵庫のような家電製品は量産されることからばらつき(個体差)が出ることがある.さらに,長期間使用していると部品などに経年変化が起きることもある.このような変化に対応できるシステムとするために,放

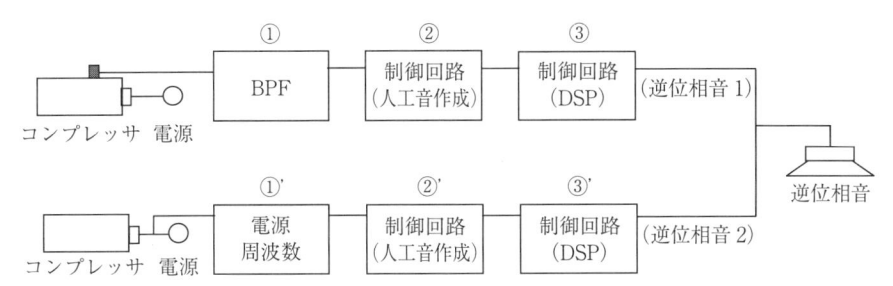

図 2.10 逆位相音作成のためのブロックダイヤグラム構成（関口，中西，猿田，能動制御超静音型冷蔵庫 GR-W40NVI，東芝レビュー，46(5)，pp. 443-446，1991）
コンプレッサの回転数と電源周波数を別々に信号処理し，逆位相音を作成する．

熱口に評価マイク（誤差信号用マイク）を設け，この信号値が最小となるような適応制御の構成をとっている．

図 2.11 に示すように機械室開口部にマイクロホンを設置し，消し残りの音を検出し，これに基づいて消音系伝達関数とのズレ（ΔG）を補正更新することで，音の変動に対応している．これが適応制御である．

消音系伝達関数を固定して能動制御した時と，この適応制御方式により絶えず補正を行って能動制御したときとの機械室開口部騒音レベルの比較を図 2.12 に示す．適応制御することにより，一定の騒音低減効果が得られていることがわかる．

最後に，この冷蔵庫の騒音性能を考察する．この冷蔵庫と能動制御を搭載していない冷蔵庫（ベース機種とよぶ）との周波数特性の比較を図 2.13 に示す．これより，低周波においては主に能動制御，高周波においては遮音・吸音による低減効果が得られていることがわかる．

一般家庭の暗騒音レベルは約 30 dB であり，この冷蔵庫は暗騒音レベル以下にまで静粛化している．

2.2.2　能動制御による「振動ふるい」からの超低周波音の低減

低周波騒音については可聴周波数外であっても人体への心理的・生理的な悪影響が指摘されており，苦情件数も増加している．そのおよそ半数が工場や事

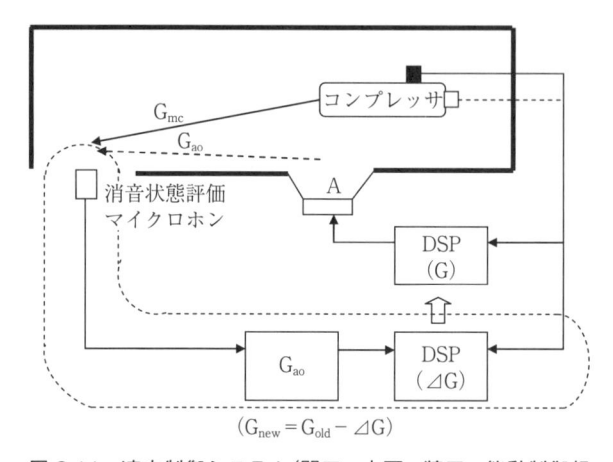

図 2.11 適応制御システム(関口, 中西, 猿田, 能動制御超静音型冷蔵庫 GR-W40NVI, 東芝レビュー, 46(5), pp. 443-446, 1991)
破線で囲んだ部分が適応制御システムである. 消し残りの音を検出し, 消音用伝達関数とのずれ量を補正して, 音の変動に対応する. 伝達関数 G：制御(信号処理)系伝達関数, G_{ao}：制御スピーカとマイク間, G_{mc}：マイクとコンプレッサ間

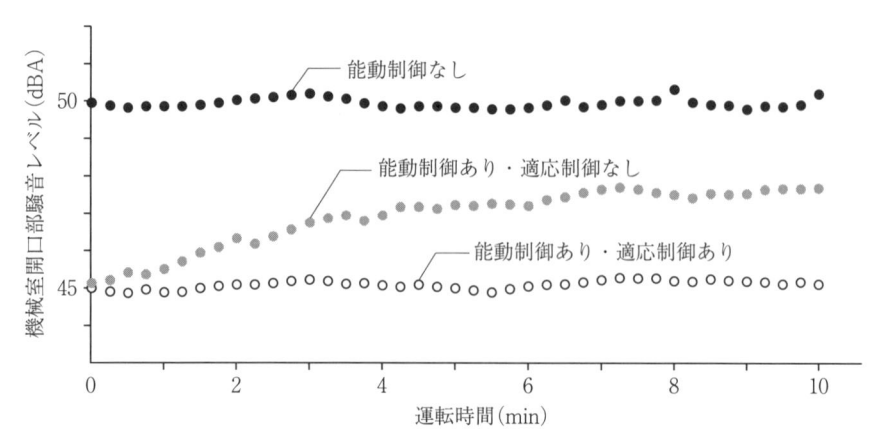

図 2.12 適応制御の効果(関口, 中西, 猿田, 能動制御超静音型冷蔵庫 GR-W40NVI, 東芝レビュー, 46(5), pp. 443-446, 1991)
時間の経過に伴い消音用伝達関数が変化し, 適応制御をしないものは騒音レベルが上昇している.

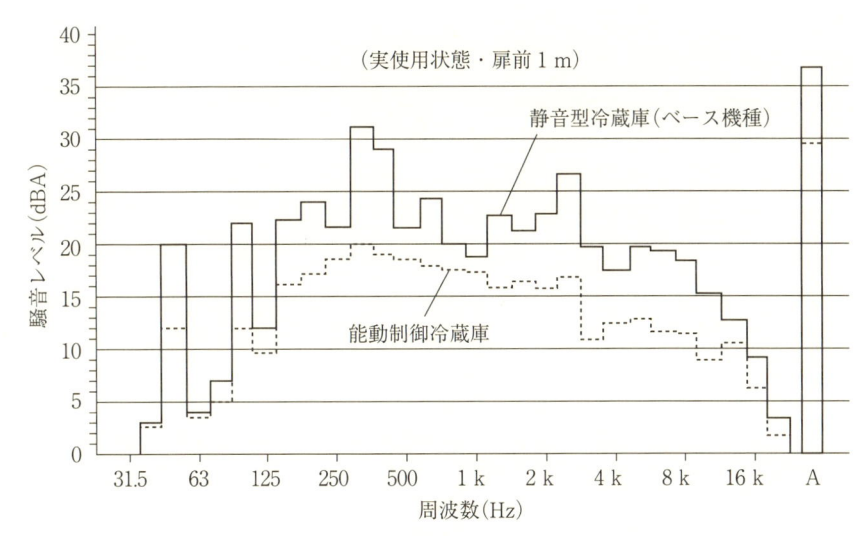

図 2.13　能動制御冷蔵庫の騒音周波数特性(関口，中西，猿田，能動制御超静音型冷蔵庫 GR-W40NVI，東芝レビュー，46(5), pp. 443-446, 1991)
低周波ではおもに能動制御，高周波では遮音・吸音による効果が得られている．

業場に関わるものである．環境省では平成16年6月に『低周波音問題対応の為の手引』を発表するなど，社会的関心は高まっている．このような低騒音問題において，広い3次元空間での騒音低減は難しい問題であるが，ビール会社と音響機器メーカが協力して低周波騒音の低減技術を開発し，事業化を進めている事例もある[8〜10]．

ここではアクティブノイズコントロール技術を応用した振動ふるいの超低周波音騒音対策について取り上げる．2台設置してある振動ふるいのうちの1台を付加音源としたもので，2つの振動体からの音の干渉により消音を図るものである．簡単なシステムではあるが効果が得られている．

トンネル掘削工法の1つである泥水式シールド工法は，水分と残土を分離するために振動ふるいを設備している．振動ふるいから発生する超低周波音が周辺住居において建具をがたつかせるなどの障害を発生させることがある．実際の施工現場でこの超低周波音に対して能動騒音制御(以下，ANC)を応用して，

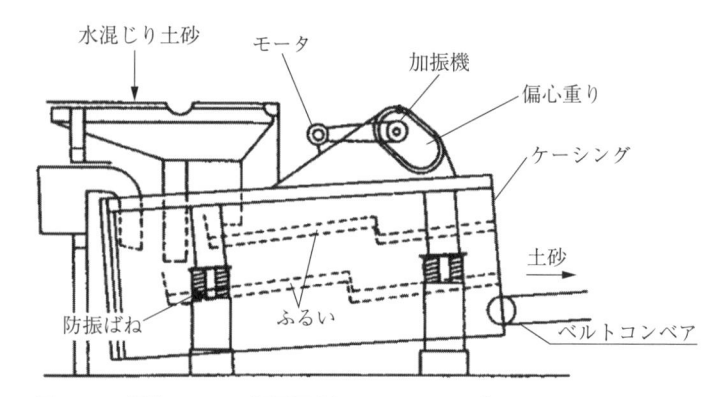

図 2.14 振動ふるいの概要図(内田,アクティブノイズコントロール技術を応用した振動ふるいの低周波音対策,騒音制御,20(6),pp. 348-350,1996)

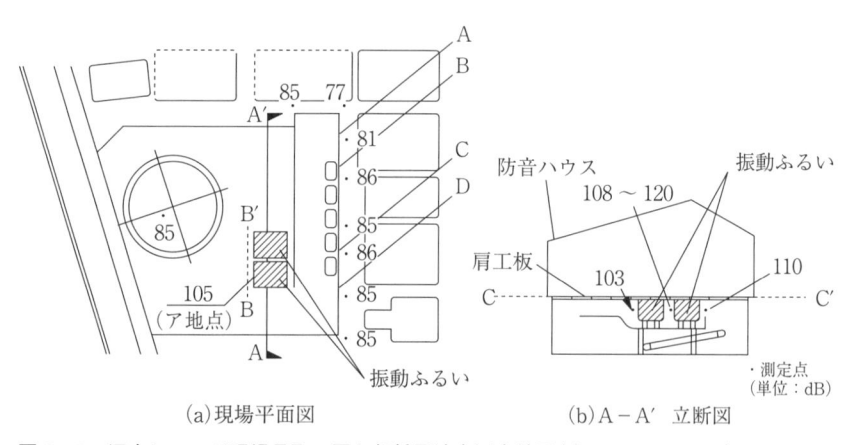

図 2.15 泥水シールド現場見取り図と超低周波音測定結果(内田,アクティブノイズコントロール技術を応用した振動ふるいの低周波音対策,騒音制御,20(6),pp. 348-350,1996)

10〜20 dB の低減効果を得た例を紹介する[11].

振動ふるいの概要を図 2.14 に示す.掘削に伴う水混じり土砂は防振ばねで支持されたケーシングに取り付けられたふるい(メッシュ)に供給される.これはモータで偏心荷重を回転させるなどしてケーシングごと往復運動させて加振

し，水分と残土を分離する装置である．モータの回転数はおよそ 900 rpm であるから，振動数に直すと約 15 Hz で振動する．周波数が低いため，装置近傍では 120 dB(A スケール)を超える超低周波音が発生する．

図 2.15 に現場サイトでの騒音の測定結果を示す．振動ふるいは地下ピットに 2 台併置され，地上は防音ハウスで覆われている．敷地境界での低周波音圧レベルは 77～86 dB で，一部の民家において建具のがたつきなどの障害が発生した．図 2.16 は，機械近傍(図 2.15 のア地点)で測定した超低周波音のパワースペクトルである．測定時の振動ふるいのモータ回転数 840 rpm に対応する

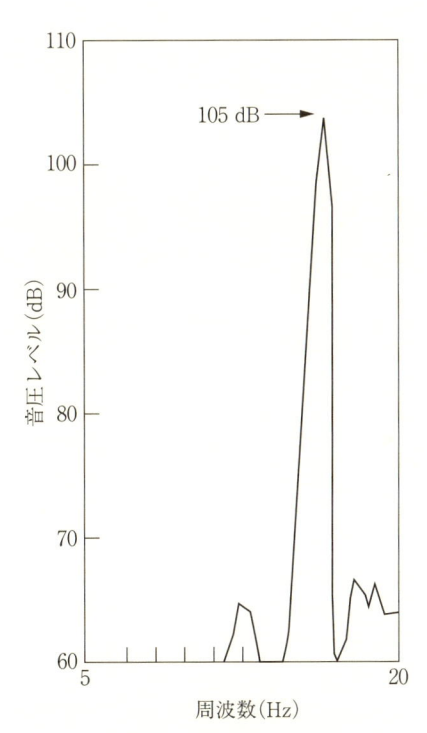

図 2.16 振動ふるい発生音のパワースペクトル(図 2.15(a)のア地点)(内田，アクティブノイズコントロール技術を応用した振動ふるいの低周波音対策，騒音制御，20 (6), pp. 348-350, 1996)

周波数 14 Hz に顕著なピークがみられる．

振動ふるいに ANC を適用するには，音響放射パワーが 120 dB 程度あり，かつ十数 Hz の超低周波音を放射できる付加音源が必要となる．通常のスピーカでは必要な出力が得られないため，振動ふるいそのものを付加音源として利用した．したがって，位相のみの制御となるが，ほぼ同等のふるいであったことから，2つのふるいが発生する超低周波音の音圧レベル差は数 dB である．図2.17 に制御システムを示す．近接して配置(約2m間隔)された2台の振動ふるいそれぞれに加速度センサを設置し，振動数および位相をリアルタイムで求め，常に同じ振動数，逆位相となるよう，付加音源とした振動ふるいのモータ回転数をインバータ制御して音源をダイポール化している．(4.1.2 項参照)

振動ふるいそのものの振動を参照信号とし，単純な PID 制御により付加音源を構成することで，安定した動作を得ている．系自身の位相遅れは，初期動作時に調整して補正している．PID 制御はフィードバック制御の一種で，比例制御(Proportional control)，積分制御(Integral control)，微分制御(Deriva-

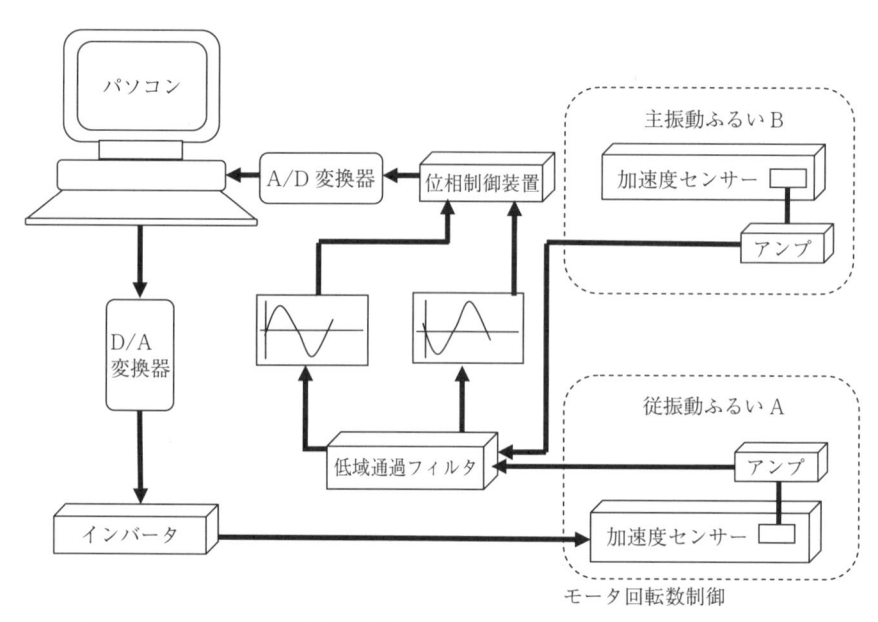

図2.17 振動ふるいの低周波音低減装置概要(内田，アクティブノイズコントロール技術を応用した振動ふるいの低周波音対策，騒音制御，20(6), pp. 348-350, 1996)

tive control)を組み合わせて設定値に収束させる制御方法である．

　図2.18に，図2.15のア地点で測定された対策効果を示している．未制御の状態では，2台の振動ふるいのわずかな振動数の違いによって，"うなり"が生じている．制御をかけると，まず周波数同期動作が行われ，2台のふるいの振動数の差が微小となり，"うなり"の間隔が長くなる．次いで位相同期動作が行われ，2台のふるいの位相差が180°に近付くため，音圧レベルは急速に低下し，ほぼ未制御状態における"うなり"の底と同等の音圧レベルとなる．以後，この状態が保持されるように制御される．図2.19に振動ふるい近傍，図2.15

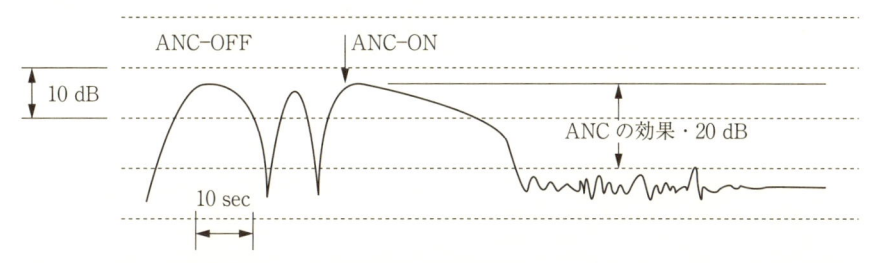

図2.18　ANCの効果（図2.15(a)のア地点）（内田，アクティブノイズコントロール技術を応用した振動ふるいの低周波音対策，騒音制御，20(6)，pp. 348-350，1996）

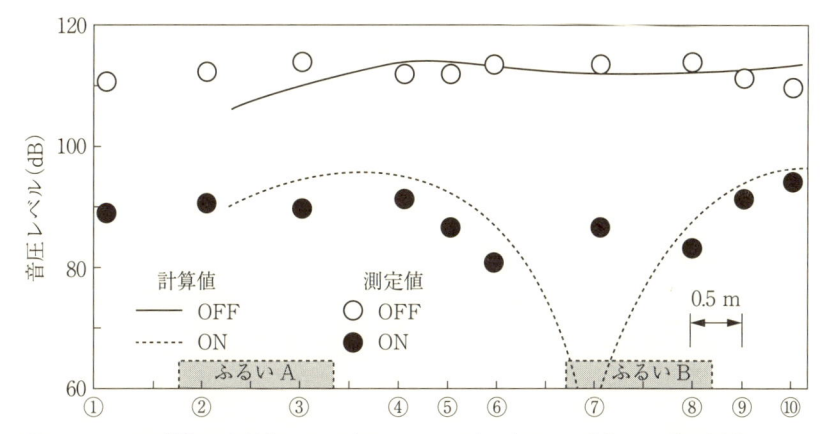

図2.19　ANC制御，未制御による音圧レベルの違い（図2.15(a) B-B'線上）（内田，アクティブノイズコントロール技術を応用した振動ふるいの低周波音対策，騒音制御，20(6)，pp. 348-350，1996）

のB-B'線上における覆工板上(C-C'線上)での測定結果を示す．ふるいをダイポール音源としたときの計算値も示してある．ダイポール音源の指向特性を考えると，2つの音源の中心を通る線上では音圧レベルは急低下するはずである．測定結果，計算結果ともに⑦地点近辺が音源の中心と思われるが，必ずしも2台の振動ふるいの中心とはなっていない．また，実測値は計算結果ほど急速な音圧レベルの低下はみられなかったが，その他の測定点では，ほぼ一致している．

　このようにANCは周期的な超低周波音対策には非常に有効な手法の1つである．ただ音源をダイポール化する場合，付加音源が音源と逆位相となる状態が最適の条件であることから，必ずしも低周波音を参照信号とする高度な制御の必要はなく，簡単な位相反転操作で十分な効果が得られる．

2.2.3　エレベータの空調ダクト音の能動制御

　エレベータの空調ダクト音に能動制御を適用した例を紹介する[12]．ビルの高層化に対応すべく，エレベータは高速化が必要となっている．高速化は騒音を増すこととなるが，快適性の観点から静粛化が求められる．エレベータの乗りかご内の騒音で問題となるものの1つとして，換気ダクトからの音がある．ダクトからの音のうち高周波はダクト内の吸音材で吸音されるが，低周波はほとんど吸音されない．能動制御は比較的低周波域での騒音低減が得意なことを生かして，通常の吸音材では低減しにくい低周波の制御を行っている．

　図2.20にエレベータと装置の構成を示す．エレベータでは，一定量以上の換気量を確保することが義務付けられている．そのため空調用にファンが設けてあり，騒音はダクトによって乗りかご内に導かれる．換気口から風とファン音のほかに，気流音や走行音が乗りかご内に放出されてしまう．そこで，この換気口より侵入する音の低減が必要になる．このシステムの構成は音源を検知するための検知マイク，出力波形を作るためのコントローラ，制御音を出すスピーカ，制御結果をモニタする評価マイクよりなる．

　図2.21はダクト部分を詳しく示したものである．ダクトは音の1次元伝播性を確保する構造(狭い断面)になっている．図2.22にシステムの構成を模式化して示す．これはダクトモデルの消音の基本型そのままである．(5.4.2項参照)評価マイクの音がゼロに近づくように，コントローラのフィルタ係数を変

2.2 音響の能動制御　37

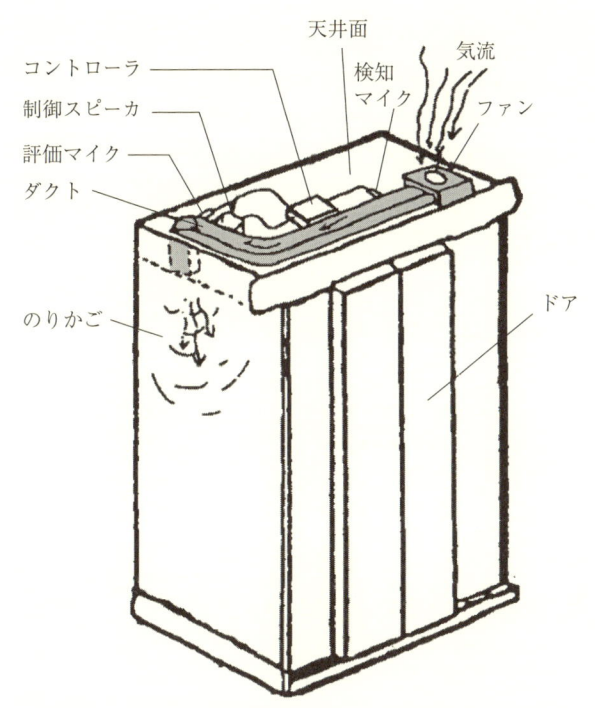

図 2.20　エレベータの ANC システム(長安克芳, エレベータの空調ダクト音のアクティブ制御, 騒音制御, 20(6), 1996)

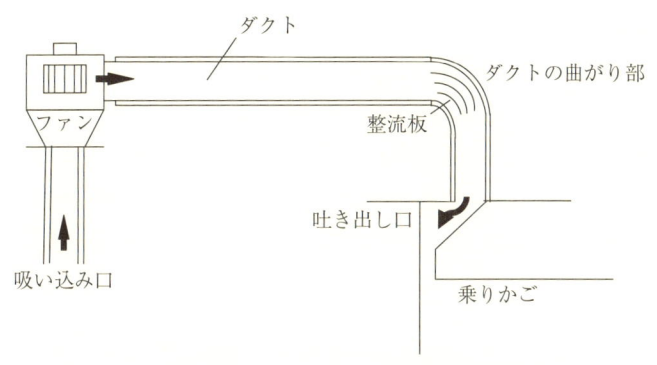

図 2.21　ダクト(長安克芳, エレベータの空調ダクト音のアクティブ制御, 騒音制御, 20(6), 1996)

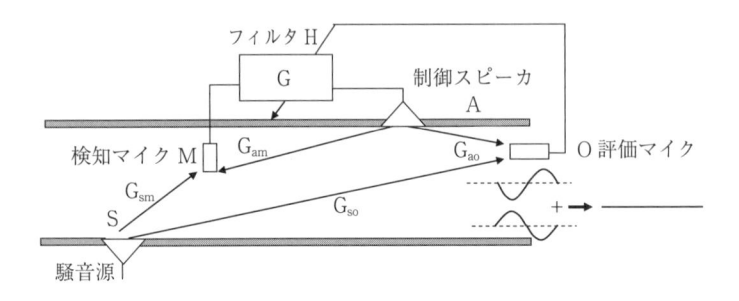

伝達関数　G_{so}：騒音源-評価マイク間
　　　　　G_{sm}：騒音源-検知マイク間
　　　　　G_{am}：制御スピーカ-検知マイク間
　　　　　G_{ao}：制御スピーカ-評価マイク間
　　　　　G　：制御系可変伝達関数

図 2.22　ダクトモデルにおける能動騒音制御システム構成図（長安克芳，エレベータの空調ダクト音のアクティブ制御，騒音制御，20 (6)，1996）

更する適応制御を行っている．ダクトの設計のポイントについて以下に述べる．

　制御は単純化していえば，検知マイクから制御スピーカまでを音が通過する間に，信号処理をして音を出力しなければならない．すなわち制御効果を得るためにはダクト内に配置された検知マイクと制御スピーカ間の距離は一定以上必要である．その理由は信号処理には時間が必要なためである（低域通過フィルタ，スピーカの遅れなども含む）．

　検知マイク位置で取った音と制御対象点（評価マイク）での音が異なっている（正確にいえば相関がない）場合は制御ができない．能動騒音制御には，音の空間的なコヒーレンス[*3]がとれるか否かが重要なポイントである．コヒーレンスがとれなくなる要因の1つは流れの乱れなどによってローカルな圧力変動を発生するからである．

　ダクトの曲がり部で流れが乱れて，コヒーレンスがとれなくなることがあ

---

*3　音の空間的コヒーレンス：ある1つの波の異なる2つの部分を取り出したとき，それらの位相・振幅に一定の関係があるかないかによって，その波はコヒーレントまたはインコヒーレントと形容される．波の時間的に異なった部分をとりだしたのであれば時間的コヒーレンス，空間的に異なった部分を取り出したのであれば空間的コヒーレンスと区別される．

がある．これに対して，後者の方法ではすべての位置で騒音レベルが下がることが期待できる．後者の具体的方法として適応制御を利用して評価マイクの位置で，音圧が最小となるように制御したときに，評価マイクの位置をうまく選べば音響放射パワーを最小にできることを利用するのである．これをエレベータ空調ダクトから乗りかご内に放射される騒音に適用した．パワーを低減させるための評価マイクの配置を考察し，消音効果を調べる基礎実験を行ったところ，図 2.25 に示すように室内全領域で 5～8 dB(500 Hz 近傍で)低減した．

2.2.4 超高騒音下で使用する ANC ヘッドセットの検討

工場内など高騒音下での作業を安全かつ効率よく行うために，耳に入る高騒音を低減し，また，お互いにコミュニケーションが十分取れる環境を作るためのシステムについて紹介する．フィードフォワード型ディジタル ANC をヘッドセットに応用し，マイク混入騒音についても適応処理により低減し，携帯機器としても超高騒音のもとでの通話環境を可能にしたものである[13]．

高騒音下での作業者の聴力保護のためにイヤーパッドや耳栓が多く用いられているが，単純に耳を覆うことは作業者間の情報伝達を困難とする．そこで，耳を保護するとともにコミュニケーションを可能とするためのシステムが開発されている．

発電所の発電機のメンテナンスに代表される超高騒音源近傍での作業は難聴予防のため耳栓などが使用されているが，作業員間のコミュニケーションができないため安全性と作業効率の面で問題があった．この問題を解決する方法として受動(パッシブ)遮音系と高速サンプリングによる低システム遅延を実現して，ランダム騒音に対応できる携帯システムの実用化が検討された．

図 2.26 に本システムの全体ブロック図を示す．騒音検出マイクはそれぞれヘッドホン近傍に設置されている．騒音がヘッドホン内部に伝わるまでに，騒音が検出されて制御音を生成することが要求される．騒音は数 cm～10 cm 程度相当の空間伝播遅延，すなわちヘッドホンのパッシブ遮音壁(イヤーマフラー，1つの音響フィルタと考えてよい)の伝播遅延，耳孔近傍のエラーマイク(誤差信号マイク)までの空間伝播遅延の総和時間を経て耳孔に到達する．ヘッドホン部(イヤーマフラー，耳覆い)の遮音の伝達による遅延は数 100 μsec である．本ヘッドホン部は高域(2 kHz 以上)でのパッシブ遮音性と，伝達遅延の

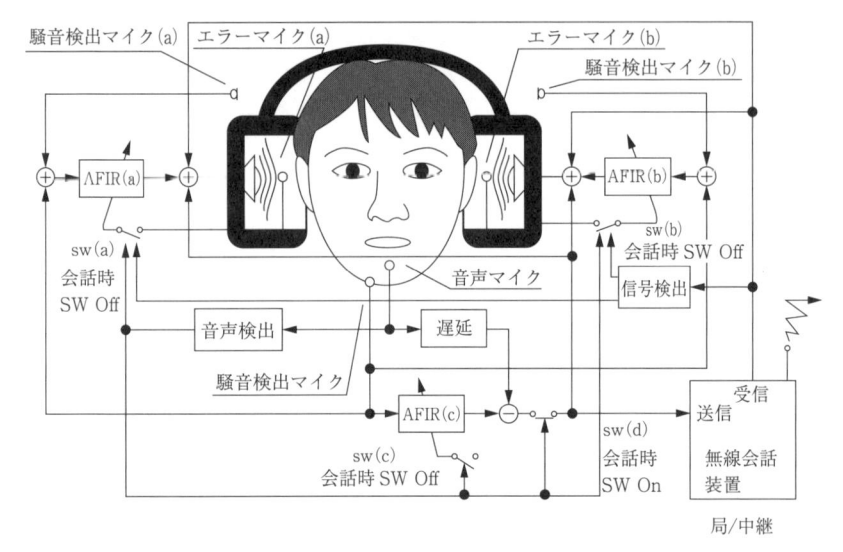

図2.26 ANCヘッドセットの全体ブロック図(寺井, 橋本, ディジタルANCヘッドセット, 信学技報, EA96(9), 1996)

効果がある．本システムの制御系は騒音伝播系より十分に応答が速く同等以上であることからフィードフォワード制御でのANCが可能である．

音響系の騒音制御は左右それぞれ独立している．騒音検出には左右共用の前方騒音検出マイク信号と左右後方の騒音検出マイク信号が各々加算され適応フィルタAFIR(a), AFIR(b)に入力される．エラーマイクはヘッドホン内左右それぞれの耳孔付近に設置され，適応フィルタAFIR(a), AFIR(b)を各々制御する．これらのマイクは全て無指向性である．指向性とはマイクロホン，スピーカのような空間内で用いる音響機器においても音波の入射あるいは放射の特性がその方向により変化することをいう(4.1.2項参照)．

一方，騒音マイク(a), (b)の騒音制御の原理は前述と同様であるが，もう1つの騒音マイクが音声マイクから少し離れて配置されており音声マイクへの入力とは異なっている．前方の騒音検出出力を適応フィルタAFIR(c)により処理したうえで，送話マイク信号(騒音も侵入する)の遅延信号から減算し，その出力でAFIR(c)を制御することにより，適応ノイズキャンセルが行われる．携帯性を考慮して送話マイクは騒音検出マイクと近接しているが，双指向性マ

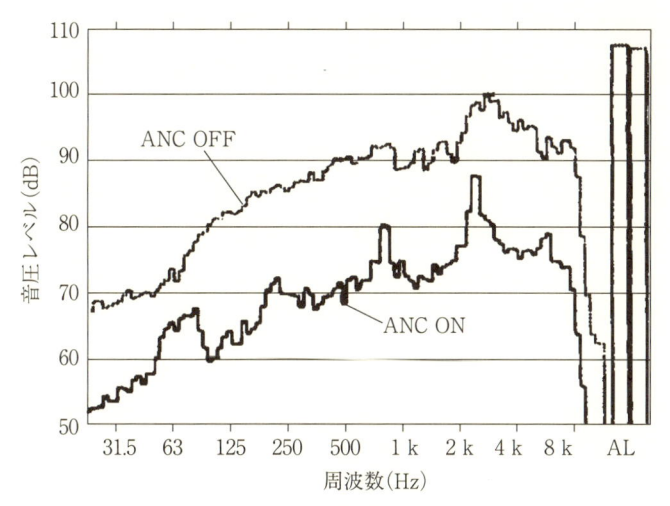

図 2.27 マイク騒音低減効果（寺井，橋本，ディジタル ANC ヘッドセット，信学技報，EA96(9)，1996）

イクを用いることによって S/N 比（信号と雑音の比）を向上させている．騒音低減効果を図 2.27 に示す．このように方向性の騒音に対しては大きな低減量が得られる．

前方の騒音検出マイクが送話マイクと近接しているため，通常，自己音声が検出され，各適応フィルタはこの音声信号に適応して騒音とともに音声も消音してしまう．これは初期のカラオケの原理と類似している．すなわちステレオ録音の出力を差動にすると 2 つのマイクの中央に立つ歌手の音声は消え，バックのオーケストラの音だけが残る．そこで各適応フィルタは非話中に騒音により適応させ，音声検出により各適応フィルタの係数更新を一時停止することにより，自分の音声には適応しないような処理を施した．また音声スイッチを動作させ発声したときのみ先方への送信と自分へのトークバック（発音の一部を自分の耳に入れる）を行うことにより良好な通話環境が実現できる．

ランダム騒音に対してはいずれの方向も受動制御効果の低下する周波数 1 kHz から約 100 Hz の範囲で最大 20 dB 以上の消音量が得られており，また周期音に対しては適応フィルタが周期信号の予測器として動作するために，優れた消音特性を示している．

これらを電力会社における発電機のブラシ交換作業，タービンメンテナンス作業(110 dB を超える環境)で試用した結果，作業員同士の通話が可能となり，実用可能であることを確認している．

上述の例は産業用に区分されるものであろうが，民生用として最も身近なものにノイズキャンセリング・ヘッドホンがある．電車や航空機の中，あるいは歩きながら音楽などを聞くためにイヤホンあるいはヘッドホンが用いられるが，周囲の音が入り十分に楽しめないことがある．そこで，周囲からの騒音を低減し，音楽を聴きやすくするためのものが各社から販売されている[14~16]．また，救急車内で用いるヘッドホンがある．救急車の電子サイレン音(ピーポー音)は救急車外にいる人に対する警告音であるが，車内の救急隊員や患者にとっては騒音であり，救急隊員と患者の会話にも支障を来すことがある．このような電子サイレン音を選択的に抑制しコミュニケーションをスムーズにするためのヘッドホンが開発されている[17,18]．

2.2.5　平板スピーカを用いたアクティブ吸音

鉄道車両などの壁面透過騒音を低減させる方法として圧電スピーカを用いたアクティブ遮音モジュールが試作されている[19~21]．ここでは航空機内の騒音の低減を想定して，平板スピーカを用いたアクティブ吸音ユニットによる試みを紹介する[22,23]．

機内騒音は低周波が支配的な広帯域雑音であり，そのレベルは最大約 90 dB に達する．原因はジェットエンジン音や機体壁表面の空気層のかく乱によって生じた騒音が壁面を透過して内部空間に侵入するためと考えられる．胴体構造の最適化や吸音材の設置などの対策が行われているが，低周波で大きな効果を得ることは困難であり，また重量の制約から根本的な解決は難しい．そこで，放射される音圧を吸収する ANC を適用することが提案されている．

実装可能という観点から，制御装置の軽量化，単純化，また頑健性という要求を満たすために，制御用スピーカとして，平板スピーカを用いたアクティブ吸音ユニットが試作，検討された．吸音ユニットのコンセプトは，振動壁面近傍に平面波を出力できる平板スピーカを設置し，振動壁面に取り付けた加速度計を参照信号とした制御ユニットを構成することで，振動壁面からの音波をあたかも吸音材のように吸収させるというものである．このため広い空間内にお

いて騒音低減効果が得られることが期待できる.

アクティブ吸音ユニットの平板スピーカは，図 2.28 に示すように，振動板，マグネット，背面板の 3 枚の要素からなる．振動板にプリントされたコイルに電流が流れると，近接のマグネットで作られた磁界との相互作用によって（フレミングの法則に基づく）ローレンツ力が発生し，その結果，振動板が振動し前後に音波が放射されることになる．振動板の周囲はエッジフリーの構造のため，極めて平面波に近い音波が出力される.

これを用いたアクティブ吸音ユニットの設置図，実験モデル図を図 2.29 に示す．図のように，平板スピーカはアクリル製の側板で支持され，振動壁面中央に取り付けた加速度計の出力を検出信号としてコントローラ(DSP)によって処理することで，この振動壁による騒音と逆振幅，逆位相の音を発生させるものである.

制御コントローラのブロック線図を図 2.30 に示す．ここでは航空機が巡航している間，制御対象システムは時不変(時間に独立)と仮定し，コントローラのシンプル化，演算量の低減を図っている．非制御時における薄板の振動加速度 A から観測マイクロホンの出力 D までの伝達特性 P を制御対象とし，加速度計の出力 X を適応フィルタリング構成のコントローラ G で処理し，その出力信号 Y を制御対象の出力 D に重ね合わせた結果が誤差信号 E となる．ここで，図内の誤差経路 C は，おもに平板スピーカの動特性とそこから観測マイクロホンまでの音場特性などの効果を表すものであり，音響フィードバック F は平板スピーカ背面から放射される逆振幅逆位相の音波が振動壁を駆動し加速

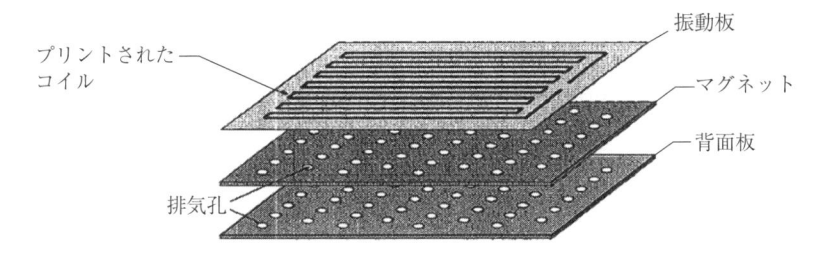

図 2.28 平板スピーカの構成(西垣勉，國吉俊一，遠藤満，平板スピーカを用いた壁面透過音のアクティブ吸音ユニットの開発，Dynamics & Design Conference, 737, 2006)

度計に出力するフィードバック経路を表す．

実験装置を図 2.31 に示す．外部騒音を疑似的に発生させる駆動用雑音発生部，制御部，評価のための観測部で構成されている．騒音発生用スピーカは，スピーカ背面からの回り込みを防ぐために，背面を覆い(Enclosure B)，さらに吸音材を詰めた無響箱(Enclosure A)に収めてある．1 次雑音として 300 Hz から 1 kHz の有帯域白色雑音が入力される．制御部は吸音ユニットとコント

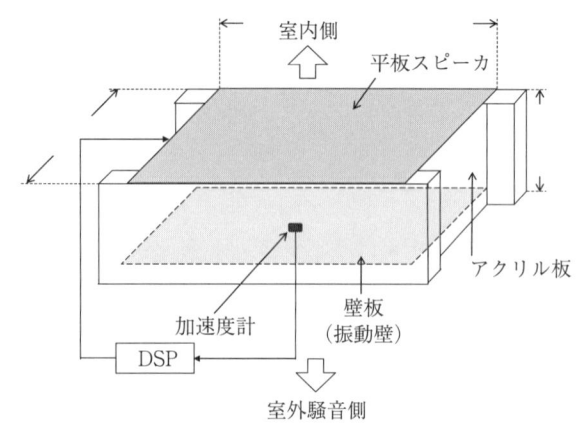

図 2.29 アクティブ吸音ユニットの取付け(西垣勉，國吉俊一，遠藤満，平板スピーカを用いた壁面透過音のアクティブ吸音ユニットの開発，Dynamics & Design Conference, 737, 2006)

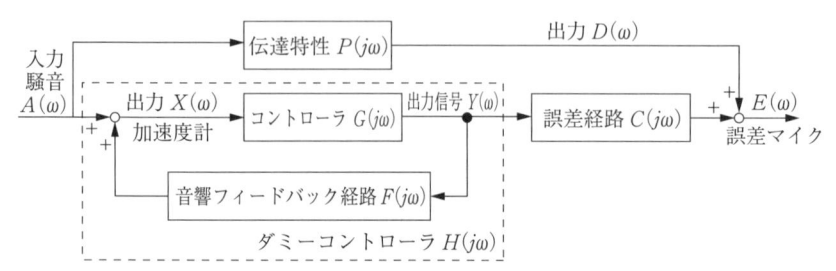

図 2.30 制御コントローラのブロック線図(西垣勉，國吉俊一，遠藤満，平板スピーカを用いた壁面透過音のアクティブ吸音ユニットの開発，Dynamics & Design Conference, 737, 2006)

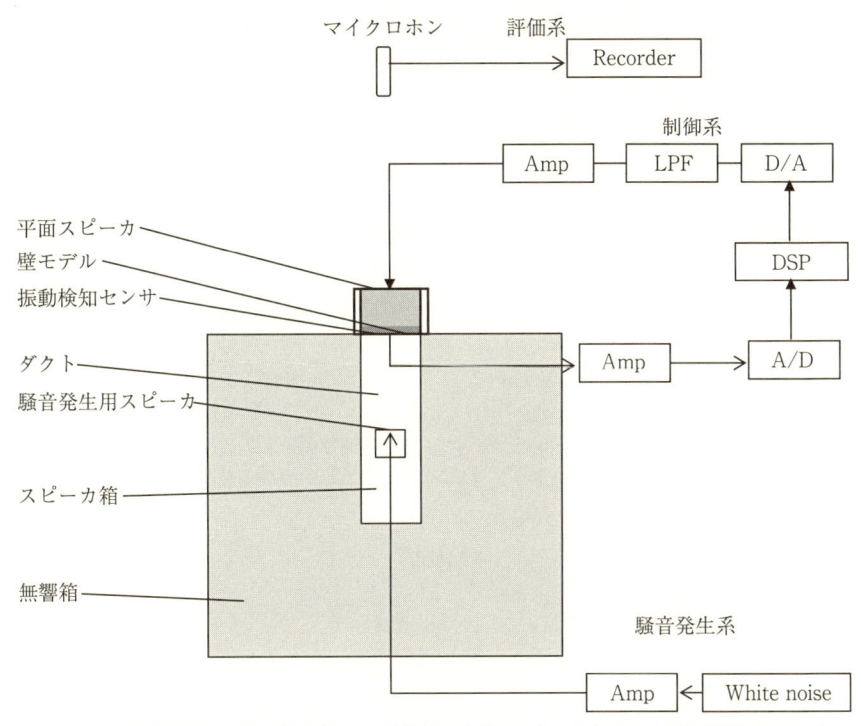

図 2.31 実験装置(西垣勉,國吉俊一,遠藤満,平板スピーカを用いた壁面透過音のアクティブ吸音ユニットの開発,Dynamics & Design Conference, 737, 2006)

ローラ(DSP)で構成されている.非制御時および制御時の観測音波を観測マイクロホンで測定し,レコーダに記録する.

実験方法は,まず誤差経路と音響フィードバックを同定するためオフラインで同定を行う.次に,同定結果を用いて,適応フィルタリングによる最適コントローラの設計を行う.得られた最適コントローラを実装して制御実験を行い,マイクロホンの信号を観測する.ここで,DSP のサンプリング周波数(6 章参照)は,能動(アクティブ)音響制御系においてもナイキスト周波数が満たされるように,ユニット高さ 12 cm に対しては 8 kHz,ユニット高さ 6 cm に対しては 16 kHz とした.

まず,アクティブ吸音ユニットの薄型化による制御性能の比較を行った.高さ 12 cm と 6 cm のユニットの実験結果を図 2.32 に示す.縦軸は音圧レベル,

(a) 吸音ユニット高さ 12 cm
(制御時の低減量 12.5 dB)

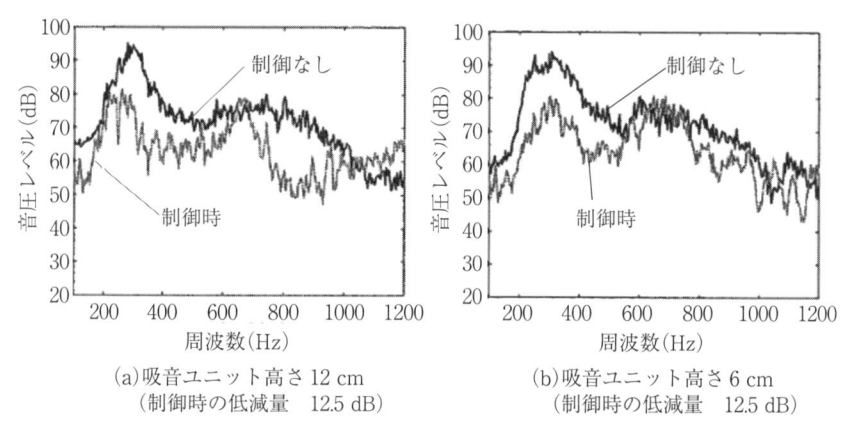

(b) 吸音ユニット高さ 6 cm
(制御時の低減量 12.5 dB)

図 2.32 アクティブ吸音ユニットの制御性能の比較(西垣勉,國吉俊一,遠藤満,平板スピーカを用いた壁面透過音のアクティブ吸音ユニットの開発,Dynamics & Design Conference, 737, 2006)

横軸は周波数を表す.いずれのユニットにおいてもオーバーオールの音圧レベルで約 12.5 dB という低減効果が得られた.

次に,吸音ユニットの軽量化について述べる.ユニットの重量は平板スピーカの外板とマグネットの厚さおよび開孔率の組み合わせにより変化させることができる.検討の結果,外板の厚さおよびマグネットの厚さを 1 mm,開孔率を 20% とした.全重量は 110 g となる.

この場合もユニット高さを 6 cm とすれば,12 cm と比較して領域全体にわたって同様の効果が得られた.よって,本実験の範囲内では,ユニットの軽薄化を行うことが吸音ユニットの性能も高めていることがわかる.

断熱材は吸音材としても用いられている.本吸音ユニットの内部の空間に吸音材を充填することでパッシブな消音効果も得られる.吸音材を充填した場合のアクティブ吸音ユニットの低減効果を音圧レベル値で表 2.2 に示す.トータルの低減効果では,ユニット高さ 12 cm と 6 cm でそれぞれ 18 dB および 17 dB となり,吸音材を充填することによる効果が得られている.

本装置は基本的には帰還型の吸音/消音器であるといえる.ただし,帰還系などの特性を前もって同定してフィルタが適応型となるような構成にしてある.観測マイクはその過程で誤差マイクとして使われているだけで,オンライ

表 2.2 吸音材を充填した場合の低減効果(西垣勉,國吉俊一,遠藤満:平板スピーカを用いた壁面透過音のアクティブ吸音ユニットの開発,Dynamics & Design Conference, 737, 2006)

ユニットの高さ	受動制御(吸音材充填)	能動制御	受動-能動制御結合時
12 cm	6 dB	12 dB	18 dB
6 cm	3 dB	14 dB	17 dB

ンでは使われていない.

編者のコメントを付け加えると,本実験は内壁の振動面を音響的に制御する形であるが,スピーカの代わりに振動アクチュエータを用い,外壁の振動を直接制御して壁面の有効剛性を高める方が,効果が上がるのではないだろうか.

2.2.6 大空間における能動音場制御

前述までの能動制御は消音/消振あるいは吸音/吸振することを目的としている.ここに紹介する能動音場制御技術は,これとは逆に電気音響設備を利用して残響音や反射音を付加し室内音響特性を制御する.例えば,オーケストラを演奏する場合にはそれに相応しい響きを用意しあるいはパイプオルガンの演奏には響きをより長くするなど,自由な室内音響空間を電気的操作/援用により実現しようとするものである[24～27].

室内の音場は音源から直接に聞こえる直接音および壁面からの初期反射音,多重反射による残響音からなる.これらを,電気音響設備を用いて制御することにより音場の特性を変えることが可能となる.室内音場の能動的制御の基本的な構成と原理を図 2.33 に示す.基本的な原理は,マイクロホンで収音した音に信号処理(増幅,残響付加,遅延など)をしてスピーカから放射するというものである.このように残響時間や反射音を自由に電気的に付与して音場を可変するシステムが音場の能動的制御技術である.

このような技術はアナログの時代からあり,従来はコイルばねと伝わる振動波の遅延を利用したり,磁気記録・再生におけるテープの走行による遅延などが利用された.本技術はそのディジタル版といえる.

東京都芸術劇場の大ホールに Assisted Resonance(以下 AR)を導入した例を紹介する.このホールはパイプオルガンを設置した約 2000 名収容のクラシッ

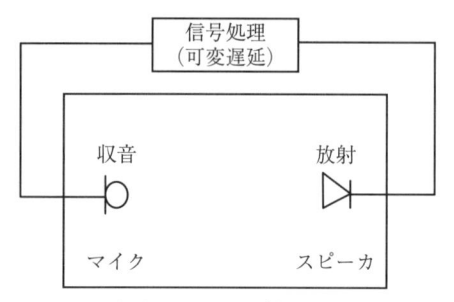

図 2.33 音場のアクティブ制御方式の構成と原理図(永田穂,室内音場のアクティブ制御,騒音制御,15(6),pp. 277-281,1991)

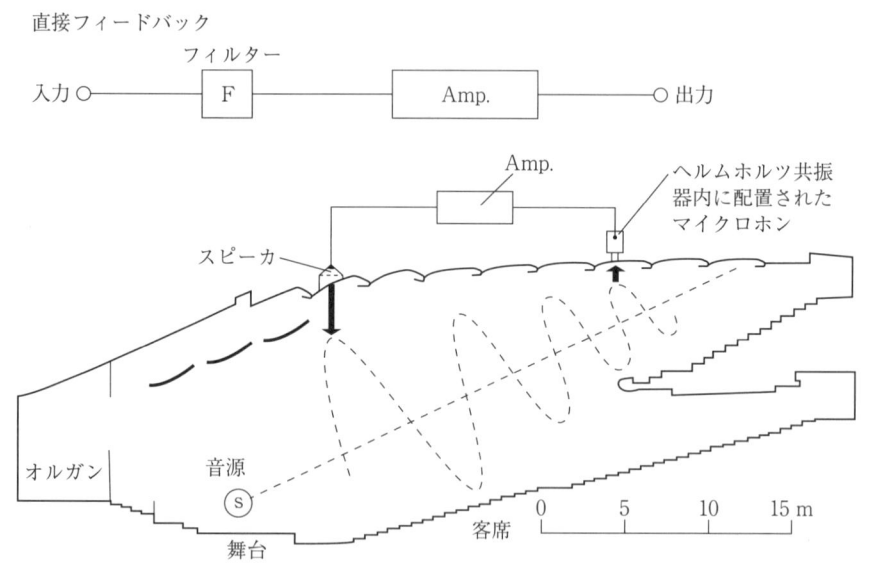

図 2.34 ロイヤルフェスティバルホールの AR システム(R. Mackenzie (Ed.), Auditorium Acoustics, Applied Science Publishers Ltd., London, (1975))

クのコンサートホールである.パイプオルガンの演奏のためには,オーケストラの演奏と比べてはるかに長い響き(残響時間)が必要とされる.

　AR は 1964 年にロンドンのロイヤルフェスティバルホールの残響時間不足を改善する目的で設置されたのが最初で,その概要を図 2.34 に示す.具体

には天井面においたマイクとスピーカをホールの基準振動の腹の位置にお互いを離して配置する．図 2.35 にロイヤルフェスティバルホールの残響時間の可変幅を示す．

AR の基本的な考え方は，単純にフィードバックを利用し，残響エネルギーを増強するものであるが，高い Q 値（共振の鋭さを表す量）をもった帯域通過（バンドパス）フィルタを通して，個々の基準振動を起振するものである．具体的には，天井面においたマイクとスピーカ帰還系を基準振動の腹の位置にお互いに離して設置するもので空間の特定の基準振動周波数音に同調したごく狭い帯域のレゾネータの中に設置したマイクで収音し，その基準振動の腹にあたる天井の位置においたスピーカから放射する．

東京都芸術劇場の大ホールの設備は，通常の個々の基準振動起振用としてマイク，スピーカ各 192 台，全帯域用としてマイク 20 台，スピーカ 12 台を使用している．マイク，スピーカの取付けの概要を図 2.36 に示す．レゾネータ収音器はヘルムホルツ型（フィルタ周波数は 43.6〜171.4 Hz）72 台，筒型（174.6〜1016 Hz）120 台である．スピーカは図 2.37 に示すように直接観客に向けることは避け，後方あるいは壁，天井に反射させて音を放射させている．このシステムの運営・操作側はリモートコントロールパネルによって簡単に操作できる

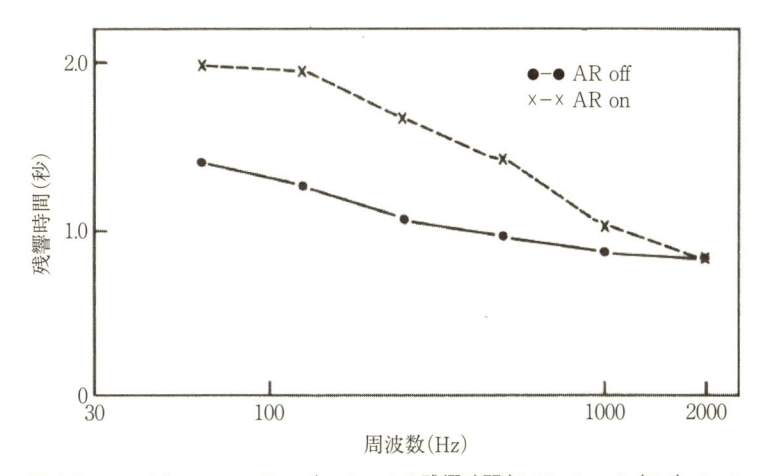

図 2.35 ロイヤルフェスティバルホールの残響時間（R. Mackenzie（Ed.），Auditorium Acoustics, Applied Science Publishers Ltd., London, (1975)）

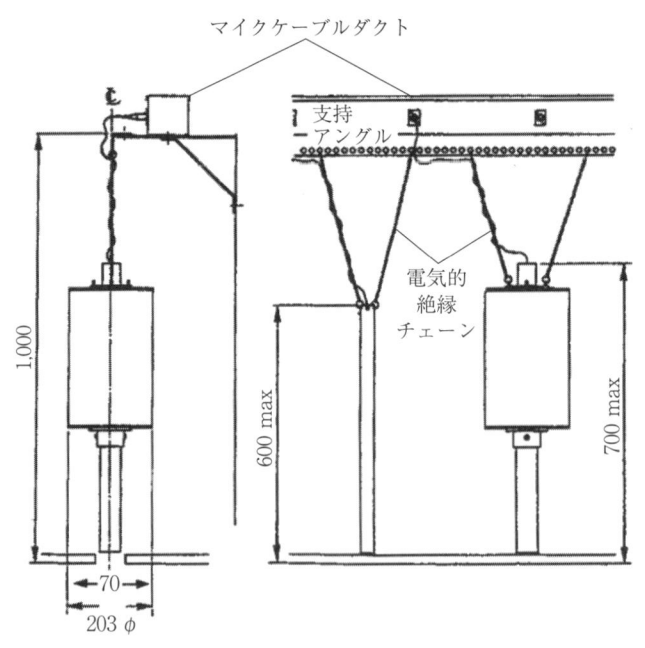

図 2.36 レゾネータ収音器(マイク内臓ヘルムホルツ共鳴器)の設置 (浪花克治,大空間における能動的音場制御―大ホールへの適用,騒音制御,15(6), pp. 300-303, 1991)

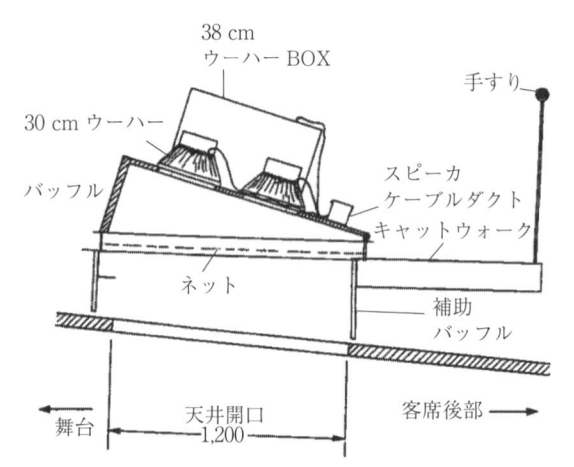

図 2.37 スピーカの設置(天井内)(浪花克治,大空間における能動的音場制御―大ホールへの適用,騒音制御,15(6), pp. 300-303, 1991)

表 2.3 残響時間伸長目標値(%)(浪花克治，大空間における能動的音場制御-大ホールへの適用，騒音制御，15(6), pp. 300-303, 1991)

オクターブバンドの中心周波数(Hz)	63	125	250	500	1 k	2 k
残響時間伸長目標値(%)	30	30	30	25	15	0

ようになっている．

ロイヤルフェスティバルホールの例では50%の残響時間の伸長が得られているが，東京芸術劇場では自然さを考慮して残響時間の伸長を30%にとどめている．また，ロイヤルフェスティバルホールでは行われていない1000 Hz以上の高音域に対しても残響の伸長を行っている．残響の伸長を表 2.3 に示す．250 Hz以下で30%, 500 Hz : 25%, 1000 Hz : 15%である．

オルソン提案の吸音器(5.2.2項参照)がマイク-スピーカからなる負帰還系により吸音率可変を実現しようとしているのに対して，本装置では正帰還を援用することによって，反射率1以上の可変反射率をもつ部分壁面を提供しているともいえる．したがって動作はクリティカルなはずで，安定性には十分な注意が必要であろう．

2.3 振動の能動制御

今日，機械工学，精密工学，制御工学，航空宇宙工学，建築・土木工学などの広い範囲で，機能，性能，居住性などの維持向上のために高度な振動制御技術が不可欠となりつつある．特に，最先端工学分野では，振動のアクティブ制御が脇役として鍵を握る場合も多くなっている．ここでは振動の能動制御技術の適用例を紹介する[28]．

2.3.1 鉄道車両のセミアクティブ振動制御

車両の高速走行における走行安定性と乗り心地向上のために，サスペンションの制御が行われている[29~31]．一般的に受動的な支持系では，路面からの振動を吸収し乗り心地を向上させるためにはサスペンションは柔らかい方がよいが，車重を支えて路面に沿って安定に走行させる目的のためには硬めにすることが望ましい．しかし，それらは相反する性質であり，性能向上に限界があ

る．そこで現在，走行安定性と振動吸収を高度にするためのサスペンション制御には，大きく分けて2つの流れがある．いわゆるセミアクティブ・サスペンションとアクティブ・サスペンションである．以下にセミアクティブ・サスペンションの概要を述べる．

セミアクティブ・サスペンションでは，コイル・スプリングと油圧ダンパが乗用車などで用いられている．この方式の特徴は装置が小型なことで，大掛りな制御装置を組むことが難しい場合によく用いられる．すなわち油圧ダンパのオリフィスを可動にして，減衰係数を切り替えることにより車両の振動状態に応じてダンピングを変える．例えば1Hz程度のばね上の共振を抑えるときはダンピングを大きくし，ばね下の高い周波数の共振を抑えるときはダンピングを弱める．振動状態を検出して自動的にこれを行えるようにすれば，調整用アクチュエータのためのわずかな駆動エネルギーのみで，上記の目的が達成できる．これは1つの環境変化に対応する適応制御であり，またパラメータ変化を伴う非線形制御でもある．

鉄道車両やバスなどの大型車両の乗り心地改善のために柔らかい空気ばねが早くから使用されており，磁気浮上リニアモーターカーにも採用されている．空気ばねは一般にダンピングが小さいという特徴をもつが，まだ現状ではほとんど受動的に利用されているか，わずかな制御系を採用するにとどまっている．しかし，もともとエネルギー源としての空気圧縮装置を備えているために，改良してアクティブ・サスペンションを利用すれば，単にダンピングを可変にするにとどまらず，ばね定数や車高の調整も同時に能動制御も可能である（乗用車ではシトロエンが採用している）．最近では多くのメーカーが油空圧装置と電子制御を組み合わせて新しい支持系の開発を試みている．

鉄道車両では左右振動対策は乗り心地向上の中心的な課題としてさまざまな方策が試みられてきた．本項ではこの一環として開発された鉄道車両用のセミアクティブ・サスペンションについて，500系以降の新幹線車両，台湾新幹線など，実際に営業車両に搭載されているものを紹介する[32,33]．

鉄道車両は高速化が進んでおり，高速走行に伴う新たな振動問題が生じている．例えば，新幹線はトンネル外では全く問題が無いのに，長大トンネルに入ると左右振動が顕著に増大するという現象が明らかになってきた．この振動は車体周囲の気流の乱れに起因する空力振動であり，パンタグラフのある車両や

最後尾車などで顕著になる．

　従来のサスペンションでは主として軌道狂いなどで台車から車体に伝達される振動の絶縁が考えられてきたため，ばね係数も低めに設定されてきた．これに対して，空力振動では加振力が直接車体に作用するので，振動を抑えるためには大きな制振力が必要になり，従来の考え方とは正反対の特性が必要となる．

　一方，走行速度が大きくなれば軌道狂いに起因する加振力も大きくなるので，高い水準の整備を行わなければならず，このような整備は多大なコストがかかり，車両の振動絶縁性能に対する要求も厳しくなる．

　したがって，固定のばねダンパで構成された従来のサスペンションでは，軌道狂いによる振動伝達と空気力による直接加振という相反する振動モードの両方に対して，効果的な定数を設定することが困難になってきている．

　このため，高速電磁弁方式の左右方向用セミアクティブ制振装置が開発された．セミアクティブ制振装置は発生力の自由度に制約があるため，アクティブ方式の制振装置と比較して原理的に制振能力は劣るが，高速列車の乗り心地でもっとも問題になるトンネル区間では遜色ない性能を示す．また，(1)構造が簡単，(2)信頼性が高い，(3)価格が安い，など長所も多く，コストパフォーマンスに優れている．

　第2世代として，比例リリーフ弁を用いた油圧回路の単純化，自己診断機能付加速度センサなどの開発により，性能をおとさずに低コスト化したシステムは，既存新幹線車両の乗り心地改善に採用されたほか，台湾新幹線などにも採用されている．

　図2.38に本装置の基本構成を示す．台車-車体間に設けた左右動ダンパの減衰力を制御し，車体の振動速度に比例する減衰力を発生する「スカイフック制御」を行う．図2.39にスカイフックダンパ(制御)の考え方を示す．減衰力を発生する実際のダンパは車体と台車の間に設けられており，車体の振動を減衰させる効果をもつが，ダンパの減衰係数には最適値がある．これに対して，車体の脇に動かない壁を仮定して，壁と車体の間にダンパを設けることができれば，壁から車体に伝わる加振力は発生しないので，ダンパの減衰係数を大きくするほど車体は振動しなくなる．このような位置にダンパを設置するのは不可能であるが，台車-車体間のダンパの力を制御して，車体に関して等価な働

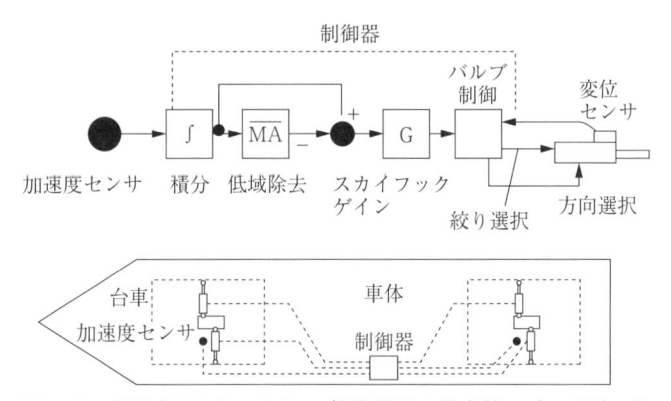

図 2.38 鉄道車両セミアクティブ制振装置の構成(佐々木, 川崎, 鉄道車両のセミアクティブ制振装置の開発, 日本機械学会論文集 2006 年度年次大会講演資料集, 6(8), pp. 121-122, 2006)

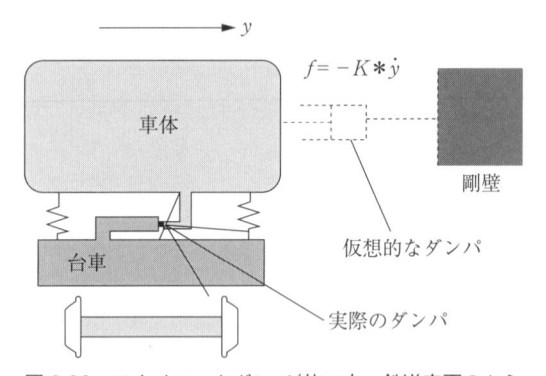

図 2.39 スカイフックダンパ(佐々木, 鉄道車両のセミアクティブサスペンション, 日本機械学会誌, 6(991), 2001)
動かない壁に固定されたダンパを仮定する. 車体が振動したとき, 仮想ダンパに発生する力を実際のダンパを制御して発生させる.

きをさせることができる. 仮想ダンパに発生するはずの力は車体の振動速度に比例するので, 車体の振動加速度を積分して振動速度を求め, これに比例した力を台車-車体間のダンパで発生させれば, 車体については動かない壁との間

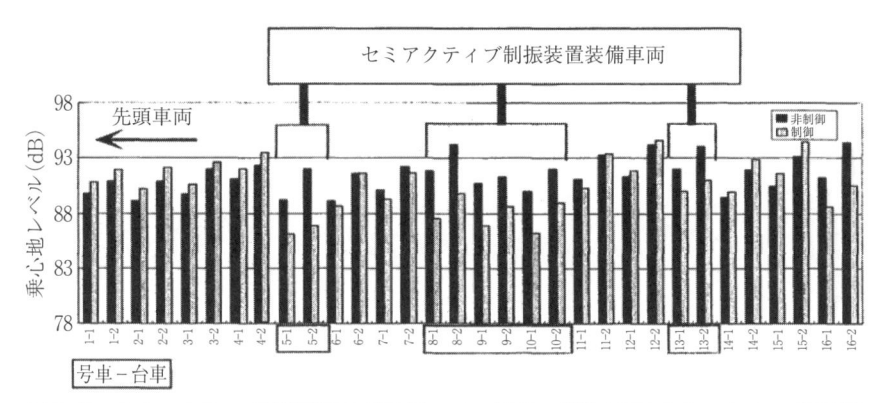

図 2.40 セミアクティブ制御装置の効果(佐々木,川崎,鉄道車両のセミアクティブ制振装置の開発,日本機械学会論文集 2006 年度年次大会講演資料集,6(8), pp. 121-122, 2006)

に設けたダンパが実現できたことと等価になる.このような制御系を空中に吊ったダンパという意味でスカイフックダンパあるいはスカイフック制御という.

左右動ダンパは車体と台車の間に設けられているので,スカイフック制御を行うためには台車の動きと無関係に減衰力を発生できる必要があるが,セミアクティブ方式ダンパであるので,そのときの台車-車体間の相対速度(ピストン速度)と同方向の減衰力は発生できない.このため,目標発生力とピストン速度の方向が同相になるときには減衰力を最小にし,速度と目標発生力の方向が逆になるときだけ力を発生して,実際に発生する減衰力の平均値を車体振動速度と逆相にする制御を行う.

セミアクティブ制振装置の効果の例を図 2.40 に示す.縦軸の「乗り心地レベル」とは床面の振動加速スペクトルを人間の感受特性で重み付けした等価振動レベルで,低いほど乗り心地がよい.

制振制御を無効または有効にして,同じ区間を同じ速度で走行した 2 回の走行試験の比較で,セミアクティブ制振装置未搭載の車両は制振制御有効の走行試験時の乗り心地レベルが無効時のそれよりやや大きいのに対して,搭載車両では数値が大きく低下しており,乗り心地が改善されている.本装置は鉄道車両用の振動制御装置として 1996 年から実用に供され,2005 年度までに約 1400

両の新幹線車両に取り付けられた．取り付け数は現在も増加しており，乗り心地改善に寄与している．

2.3.2 高層建物，橋梁などへのハイブリッド式制振機構の適用

　高層ビルや長大橋梁などの風や地震による揺れを低減するための要求に対し，従来のパッシブ方式の欠点をカバーする能動型制振装置が実用化のレベルに達している[34]．

　地震あるいは風などにより高層建物や橋梁などが揺れるのを制御する方法を大別すると図 2.41 に示す 3 つに分類できる．

（a）従来からのパッシブ方式
（b）アクティブ方式とパッシブ方式を組み合わせたハイブリッド方式
（c）外部からエネルギーを加えるアクティブ方式

　図 2.41 (a) のパッシブ方式は，構造物と等しい固有振動数をもつ補助質量とばねおよび減衰の 3 要素から構成される (4.2.4 項参照)．構造物が揺れると補助質量が自然に揺れ，その慣性力が外力を打ち消す方向に働く性質を利用したものである．同調（共振）条件を緩和するには，構造物振動質量の約 1～2% 程度の補助質量が必要となるため，長大橋や高層ビルを対象にした場合には数十 t から数百 t 程度の大きな装置になってしまう．機構の摩擦などの影響により立ち上がりが遅く，構造物がある程度揺れないと動き出さないなどの欠点がある．このようなパッシブ方式の欠点をカバーする目的で，図 2.41 (c) に示すように構造物の動きをセンサでフィードバックし，アクチュエータを用いてマス（補助質量）の動きを最適に制御することにより，広い周波数領域で高い制振効果を得るアクティブ方式がある (5.5 節参照)．アクチュエータとしては電気・油圧式サーボ機構や電動サーボモータ機構がもっとも一般的であり，補助質量を駆動するための大容量でストロークの大きい機構の開発が必要になっている．

　アクティブ方式においても，長大橋や高層ビルなどの大規模構造物を対象にした場合には，補助質量を作動させるアクチュエータ駆動力は非常に大きいものになる．そのための大型動力設備が必要となるだけでなく，停電時には制振効果を発揮できないという欠点がある．このため主として構造物の 1 次モードの揺れを対象にして，図 2.41 (b) に示すように，パッシブ方式とアクティブ方

2.3 振動の能動制御

(質点モデル)

(a) パッシブ方式

(b) ハイブリッド方式

(c) アクティブ方式

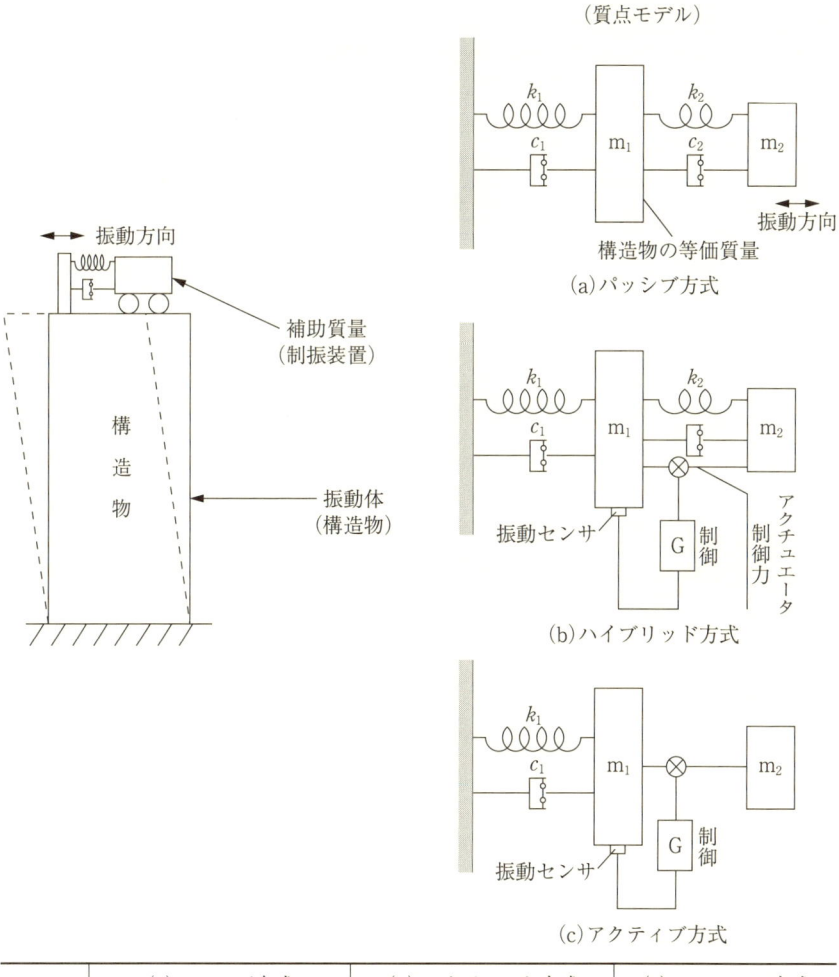

	(a) パッシブ方式	(b) ハイブリッド方式	(c) アクティブ方式
長所	・機構が簡単	・小さい制御力でアクティブと同程度の制振効果 ・停電時でもパッシブとして作動	・広い振動数範囲で制振効果大 ・補助質量が低減
短所	・同調ずれにより効果低減 ・補助質量が大	・対象振動数範囲が限定	・大きな制御力が必要 ・停電時には制振不可

図 2.41　各種制振方式のモデル化と効果(谷田宏次, 高層建物・橋梁等への能動制振技術の適用, 騒音制御, 15(6), 1991)

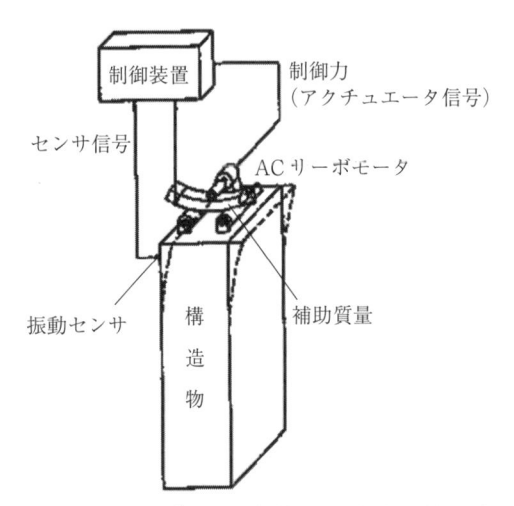

図2.42 ハイブリッド式制振装置概念図（谷田宏次，高層建物・橋梁等への能動制振技術の適用，騒音制御，15(6)，1991）

式を組み合わせたハイブリッド方式が注目されている．パッシブ方式の自然に揺れる機構をもとに，補助的にアクチュエータ制御力を加え，小さい制御力でアクティブ方式と同程度の制振効果を得ることができる．

ここでは長大橋や高層ビルを対象にしたハイブリッド式制振装置について，その機構および実際の橋梁への適用例を紹介する．これは，図2.42に示すように補助質量が円弧形状となっており，支持ローラ上を水平方向にスイングさせる．その際の固有周期を振り子の原理に基づき構造物のそれにほぼ一致させることにより，自然に揺れるパッシブな空間を構成している．高層ビルや長大橋などの長周期を対象とした場合，通常の振り子では10〜20m程度の巨大な吊り長さが必要となるのに対し，本方式では吊り機構のいらないコンパクトな設計が可能になる．さらに，構造物および補助質量の加速度，速度，変位をセンサによりフィードバックし，ACサーボモータにより歯車機構を介して質量の動きを最適に制御することでアクティブとしての機能をもたせている．このハイブリッド制振装置は東京湾を横断する首都高速12号線の吊橋（レインボーブリッジ）の主塔（高さ：117.4m，総重量4800t）に適用されている．これは，主塔架設中に発生する渦励振による塔の揺れ（曲げ1次振動）を低減し，施工性

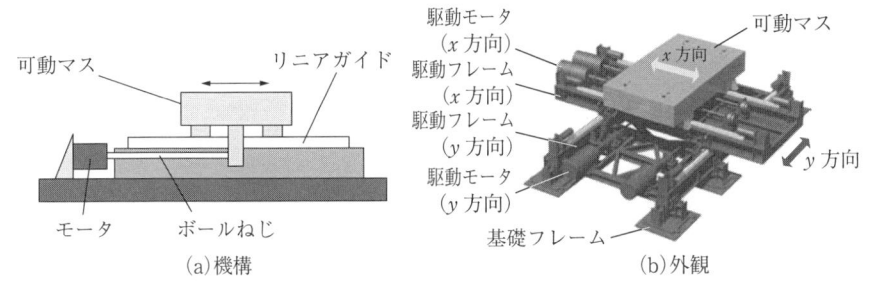

図 2.43 レール型フル・アクティブ式制振装置(小池,今関,風間,高層ビル用レール型フル・アクティブ式制振装置の開発,IHI 技報,50(2),2010)

を高めるための目的で塔頂部に1台設置されたものである.本制振装置の補助質量は 2.0 t,最大ストローク ±0.5 m,モータ容量 11 kw であり,アクティブな機構を有する制振装置の橋梁への適用は世界初と考えられる.

次に高層ビルへの適用例を紹介する[35].近年,高層ビルについては居住性の向上が求められている.そのため制振装置は必要不可欠なものとして低コストで,より高性能なものが要求されるようになってきた.制振装置は,一般に重量物でありながら,建物の上層部に設置しなければならないことから,性能に加えて,コンパクト化も建物設計および据付け工事側の重要な要求項目となっている.これらの要求にこたえるために,従来のばね機構とよばれる吊り構造やコイルばねを一切使用せずに,リニアガイド上の可動マスをモータのみの力で直接制御する方式(以下,レール型フル・アクティブ式とよぶ)が開発された.本装置の機構と外観を図 2.43 に示す.可動マスをリニアガイドで支持して,ボールねじ機構を介して直接モータで制御するものである.この機構を図 2.43(b)に示すように,親亀小亀構造の2段重ねにすれば,2軸機構になる.本装置では一切のばね要素を除いたことで,そのための機構によって制約されていたストロークはより大きく設計することができる.

2軸方式の適用例として 2006 年に竣工した東京ミッドタウンタワーがある.ここには,一方向の可動マス質量がそれぞれ 40,50 t,ストロークが ±1.5 m の大型2軸方式が採用された.同建物は,東京地区で最も高い 248 m の建物であるが,ロングストローク機構を採用することで,可動マスの質量を数十 t にまで抑え,装置の軽量化を図っている.

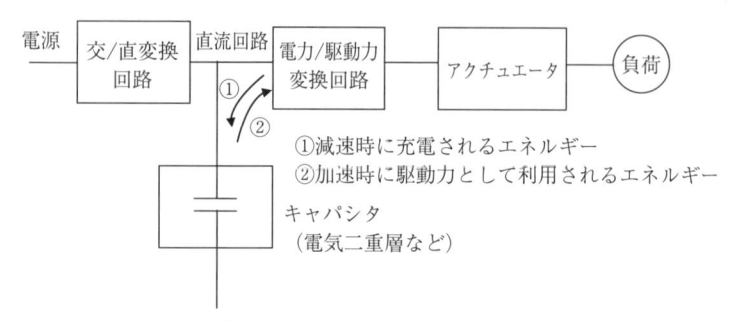

図2.44 回生電力再利用の基本概念(小池, 今関, 風間, 高層ビル用レール型フル・アクティブ式制振装置の開発, IHI技報, 50(2), 2010)

　1軸方式の例としては2009年に竣工したラ・トゥール青葉台(東京)の例がある．この建物は，高さ144 mのオフィス兼共同住宅で，平面形状が扁平であることから，短辺方向の揺れを低減するために1軸方式の装置2台が適用された．可動マスの質量は50 t，ストロークは±0.6 mである．2009年10月に東京を襲った台風19号における制振装置の稼働記録を解析したところ，制振装置によって建物加速度は1/3程度まで低減されていた．

　アクティブ式制振装置は動力を用いるのでエネルギー消費を伴う．省エネルギー化のためには使用電力の低減を図る必要がある．制振装置の動作時には可動マスの加減速に同期して力行と回生が繰り返される．図2.44に回生電力再利用の基本概念を示す．可動マスを加速する力行電力は電源側から供給され，逆に，可動マスを減速する回生電力は，電動機が発電機となり，余剰電力となる．従来，回生電力は抵抗で熱として消費されていたが，この回生電力をインバータの直流中間回路部に挿入された蓄電デバイス(キャパシタ)に一時的に蓄電し，力行時に再利用するとともに，1次側電力を抑制して，電力設備の軽減を図るシステムが開発されている．このシステムを用いることにより制振装置に必要な電力は従来の1/3以下に低減することが可能であり，1次側の電源設備を軽減できる．

2.3.3 単結晶シリコン引き上げ装置用免震装置

　半導体は自動車，家電製品など多くの装置に使われている．その半導体チップの素材のほとんどは単結晶シリコンである．単結晶の製法には浮遊帯域融解

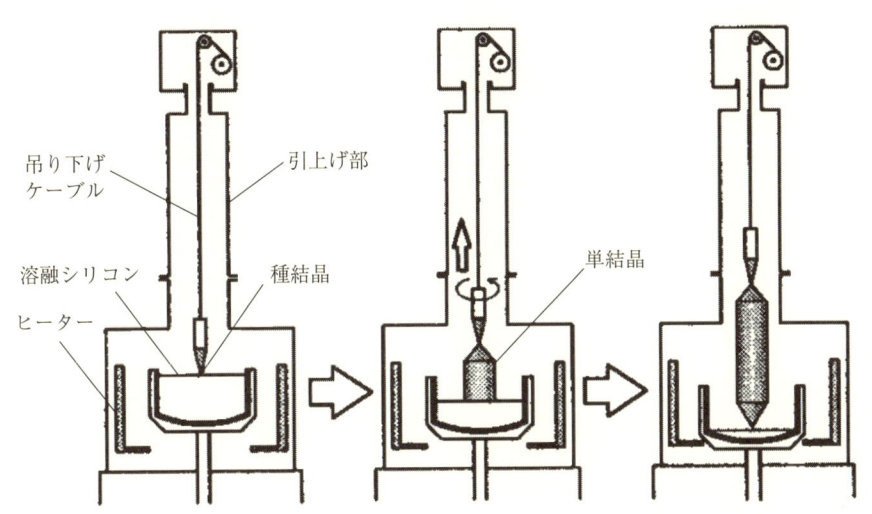

図2.45 CZ法による単結晶の引上げ（古川裕紀，藤田隆史，鎌田崇義，櫻木七平，晦日英明，リニアモータを用いた単結晶引上げ装置用アクティブ・パッシブ切換え型免振装置，生産研究，56(5)，pp.411-414, 2004)

法(FZ法)とチョクラルスキー法(CZ法)という2つの方法があるが，一般的にはCZ法により生産されている．CZ法は図2.45に示すように，原料である多結晶シリコンをるつぼ内で溶融し，その液面に浸した種結晶を回転させながらゆっくり引き上げていくことにより，種結晶と同じ方位配列をもつ大きな円柱状の単結晶体インゴットに成長させていく．直径300 mm，長さ1800 mm程度の単結晶は完成間近では数百kgにもなる．それを吊下げている種結晶は直径5～10 mmと細いため，衝撃などで容易に破断する．このことは，地震の揺れなどによって破断する恐れがあることを示している．

このような問題に対する対策は，単結晶引き上げ装置内の単結晶自身の保護に対してはアクティブ免震を，引き上げ装置本体の保護に対してはパッシブ免震を，地震の強弱に応じて，併用することで対応することができる．ここではアクティブ/パッシブ切換え型免震装置を紹介する[36～42]．

実験装置の外観を図2.46に示す．アクティブ免震装置，単結晶引き上げ装置モデル，単結晶モデルの3つの部分から構成されている．引上げ装置モデルは高さ2025 mm，質量538 kgの円筒構造で，装置モデルの固有振動数は18.5 Hzである．単結晶モデルは直径150 mm，長さ450 mmで，質量63 kgであ

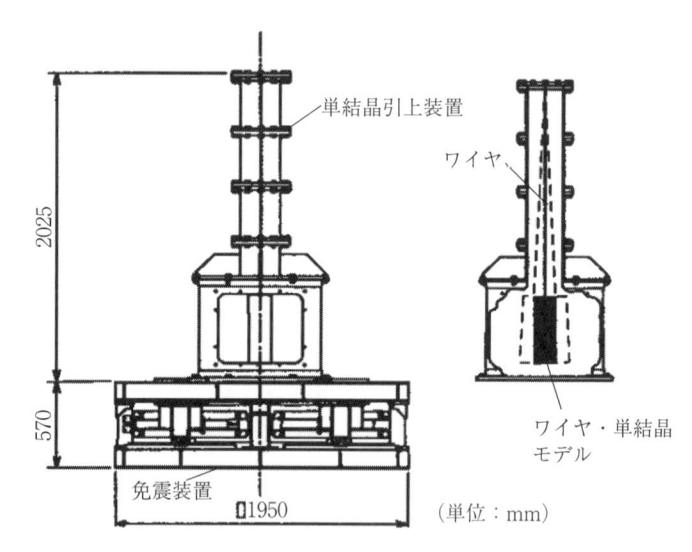

図 2.46 実験装置(古川裕紀, 藤田隆史, 鎌田崇義, 櫻木七平, 晦日英明, リニアモータを用いた単結晶引上げ装置用アクティブ・パッシブ切換え型免振装置, 生産研究, 56(5), pp. 411-414, 2004)

る. 単結晶モデルは引き上げられている過程を想定し, 引き上げ装置モデルの頂点から直径 5 mm のワイヤで吊下げられている. ワイヤは 2 種類 Len 1 (L=1425 mm), Len 2(L=345 mm)を想定して, 振り子の固有振動数はそれぞれ 0.36 Hz, 0.68 Hz である.

アクティブ免震装置(フレーム寸法 1950 mm×1950 mm, 質量 543 kg)の可動フレームはリニアベアリングにより支持され, 引っ張りばねおよびオイルダンパにより復元力, 減衰力が与えられている. 装置の最大変位は ±245 mm, 全装置搭載時の固有振動数は 0.25 Hz である. 制御用の振動センサは可動フレーム上に装着してある. 制御に必要な推力は AC サーボモータとボールねじにより得ている.

制御系設計用の免震モデルは 1 質点系と考えてよく, 線形モデルとして扱っている. 実験装置に地震波を入力した場合の応答について, 入力地震波は EL Centro NS 波[4], JMA 神戸 NS 波[5], 八戸 EW 波[6]の 3 波に対して調べた. 入力加速度は 0.8 m/s^2(震度 5 程度)および 0.5 m/s^2(震度 4 程度)である.

実機への適用を考慮した場合，単結晶がワイヤにより引き上げられていくに従い，単結晶を質点とする振り子の固有振動数は変化していく．このため制御器は振り子の動特性変化に関わらず免震性能を実現できるロバスト性を有するように設計される必要がある．ロバスト性とは制御系に入るノイズや，制御し

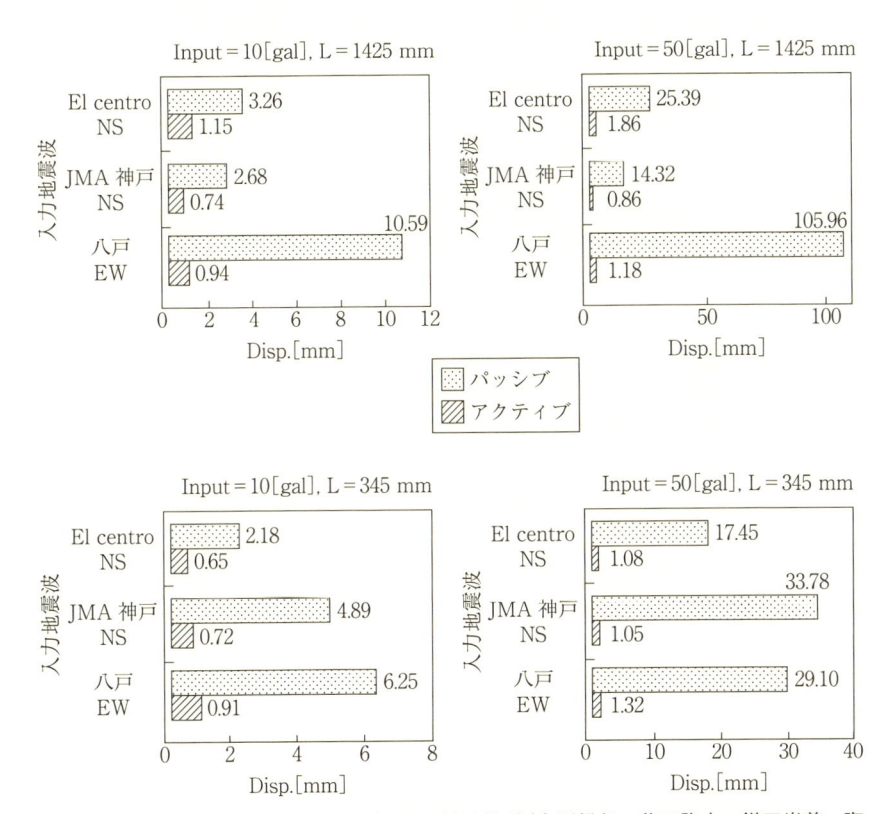

図2.47 アクティブ免震とパッシブ免震の性能比較（古川裕紀，藤田隆史，鎌田崇義，晦日英明，ACサーボモータを用いた単結晶引上げ装置用アクティブ・パッシブ切換え型免振装置，生産研究，57(6)，pp.22-25，2005）

---

*4 EL Centro NS 波：1940年に米国カルフォルニア州で発生した地震を州の南端のEL Centro で記録された最大加速度（南北方向）342 gal の強震動波形
*5 JMA 神戸 NS 波：1995年兵庫県南部で発生した地震（阪神淡路大震災）を神戸海洋気象台で記録された最大加速度（南北方向）818 gal の強震動波形
*6 八戸 EW 波：1968年に発生した十勝沖地震を八戸港湾において記録されたもので最大加速度（東西方向）181 gal の強震動波形

ようとしているもののパラメータの誤差や変化があっても制御が乱されないことをいう．

ワイヤを Len 1 (L = 1425 mm, f_0 = 0.36 Hz) と Len 2 (L = 345 mm, f_0 = 0.68 Hz) とした場合の，引き上げ装置本体のパッシブ免震と，装置内の単結晶自身の保護のためのアクティブ免震それぞれの単結晶モデルについて最大変位振幅の比較を図 2.47 に示す．これらの結果より免震対象の動特性変化に対してロバスト性を有することが分かる．

アクチュエータ容量が飽和してしまうような強地震が発生した場合，引き上げ装置本体の保護を目的としたパッシブ免震に切換える必要がある．このよう

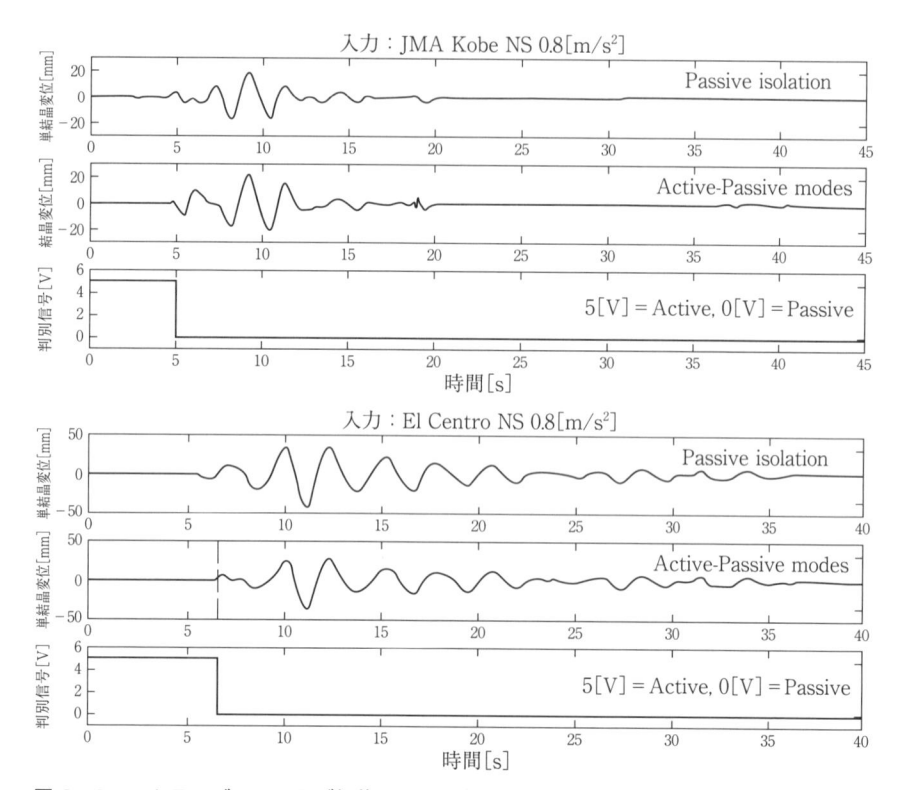

図 2.48 アクティブ・パッシブ切換え時の応答(古川裕紀，藤田隆史，鎌田崇義，晦日英明，B35 リニアモータを用いたアクティブ・パッシブ切換え型免震装置の実験と解析，振動の運動制御シンポジウム講演論文集), pp. 351-356, 2005)

な場合のアクティブ・パッシブ切換え実験を行い免震効果の確認を行っている．地震波加速実験で用いた地震波の入力加速度を $0.8\,\mathrm{m/s^2}$ に設定し，アクティブ免震状態にあるときに，指令電圧がある一定値を超えるとパッシブ免震に切り替わるように設定した．アクティブ免震状態とパッシブ免震状態を判別するための切換え判別信号は，アクティブ免震状態において 5 V，パッシブ免震では 0 V である．図 2.48 にパッシブ免震，アクティブ・パッシブ切換え免震による単結晶の変位振幅の時刻歴波形を示す．これをみると，アクティブからパッシブへの切換えがスムーズに行われ，その後の免震性能はパッシブ免震実験結果とほとんど変わらないことを確認している．

2.3.4 微小重力環境改善のための能動制振技術

微小重力環境を改善するため，電磁サスペンションを使用した航空機用能動制振システムを製作，実験し良好な結果が得られている[43,44]．

宇宙基地などの実験施設では，微小重力環境を生かした種々の実験が計画されている．しかし，宇宙基地内では空気抵抗，基地固有の重力変動，振動などの各種外乱が存在し，実験に影響を及ぼす．これらの外乱が実験機器（ペイロード）に伝達されないための振動遮断装置として，非接触でペイロードを支持するボイスコイル形の電磁サスペンションが採用された．

この電磁サスペンションを防振要素とした3軸6自由度の能動制振システムの航空機搭載試験結果を紹介する．図 2.49 はシステムの概念図で実験装置を支持する枠組みである．図に示すように，天地，2枚の板を4本の丸棒で支えてラックを構成する．その内側にさらに2枚の板を4本の丸棒で連結してある．これをケージと称することにする．ケージは四隅に各々上下2個取り付けられたリニアベアリングにより，ラックの4本の柱で支持されており，天板のラックに取り付けられたサーボモータで駆動され，タイミングベルトで上下する機構になっている．さらにケージの内側に各辺 30 cm 四方 20 kg のペイロードを挿入してある．ペイロードの上下，左右，前後に電磁サスペンションと変位センサをペアで取り付けてある．低重力実験中はケージとペイロードが非接触となるが，実験待機中はケージが定常重力でラックの下端に落ち，ペイロードも不安定になるため，ペイロードを支持するクランプ機構がケージに設けてある．図 2.50 はシステムの概要である．

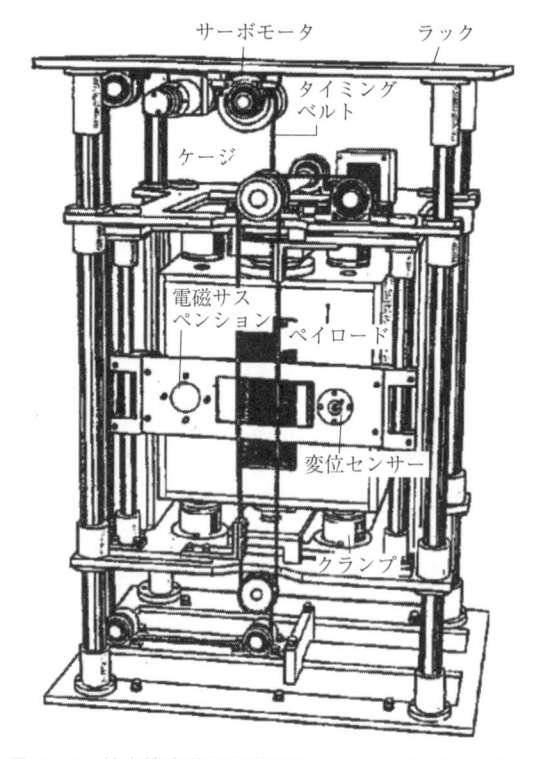

図 2.49 航空機実験用能動制御システム概念図（藤森義典，木村秀次，楠瀬智宏，谷田宏次，大久保孝一，武藤満，星聖子，微小重力環境改善のための能動制振技術の開発，日本機械学会論文集，c 57(534)，1991）

　試作した電磁サスペンション要素の概略図を図 2.51 に示す．図の左側がマグネット部，右側がコイル部で，径の異なる円筒が入れ子になっている．マグネットとコイルの間は各方向とも，5 mm 以上の隙間を設けてある．円弧状のマグネットが鉄製の円筒の中に 6 個貼り付けられている．コイルの長さはマグネットの長さより 10 mm 以上長く，コイルとマグネットが相対的に ±5 mm 変位しても，コイルをよぎる磁界が一定になる．
　コイルとマグネットを相対的に変位，回転させて，コイルに一定の電流を流して相対変位とその発生力の関係を調べた．これにより次のことがいえる．

2.3 振動の能動制御　69

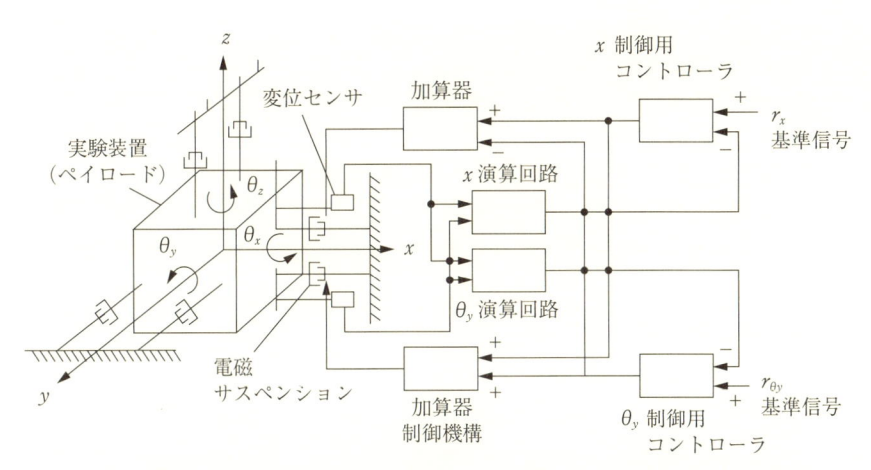

図 2.50　6自由度能動制振システム概要(藤森義典, 木村秀次, 楠瀬智宏, 谷田宏次, 大久保孝一, 武藤満, 星聖子, 微小重力環境改善のための能動制振技術の開発, 日本機械学会論文集, c 57(534), 1991)

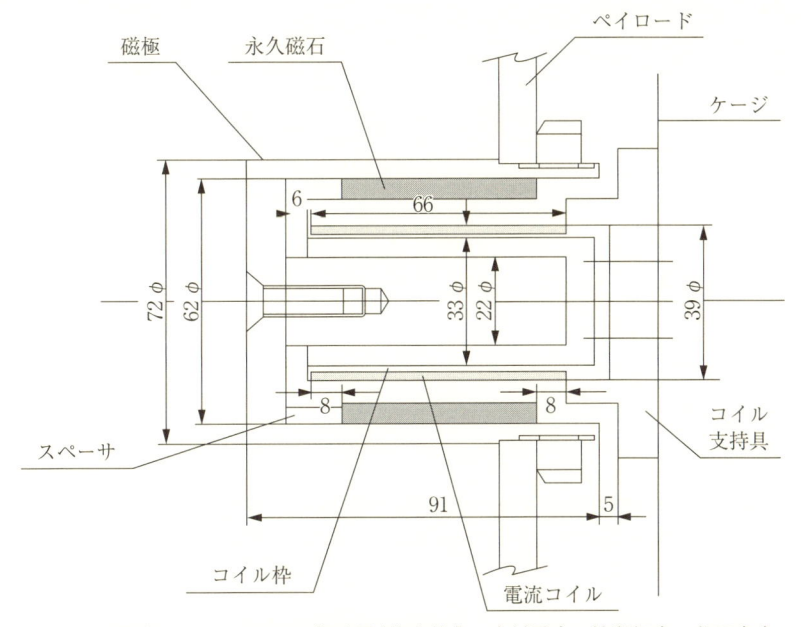

図 2.51　電磁サスペンションの概略図(藤森義典, 木村秀次, 楠瀬智宏, 谷田宏次, 大久保孝一, 武藤満, 星聖子, 微小重力環境改善のための能動制振技術の開発, 日本機械学会論文集, c 57(534), 1991)

- 発生力とコイル電流は正比例，直線関係にある．
- コイルとマグネットを相対的に変位させてもその間に発生する力は変動しない．
- コイルとマグネット間に発生する力は軸方向にのみ働く．

以上の電磁サスペンションを組み合わせて，1平面内に制御が可能な2自由度モデルを3軸方向組み合わせて6自由度制御モデルを構成（図2.50 に示す）した．ペアの電磁サスペンションと非接触変位計で1つの制御系を構成し，これを3組組み合わせている．

航空機による低重力実験飛行は，航空機の推力や揚力を利用して放物飛行に近づけることにより，機体の上下方向で 0.02〜0.05 G，前後左右で 0.01〜0.03 G の低重力環境が得られる．図 2.52 に標準的な飛行のパターンを示す．通常の水平飛行から放物飛行に入るため，A 点より航空機に最高速度を得るための降下飛行に移る．B 点で最高速度に達し C 点に向けて引き起こしを開始する．C 点より E 点までが放物飛行で，この間約 20 秒間の低重力が得られる．E 点より F 点まで回復操作を行い水平飛行に戻る．

図 2.53 に低重力実験飛行中に機体にかかる3方向の重力の時刻歴波形の一例を示す．

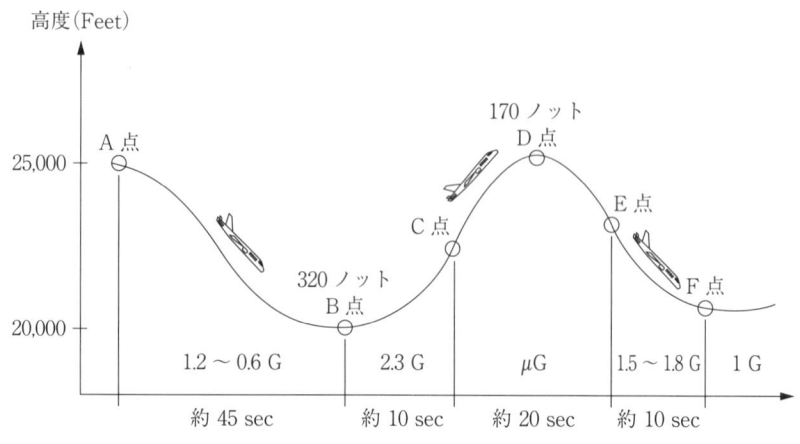

図 2.52 標準的な放物（パラボリック）フライトパターン（藤森義典，木村秀次，楠瀬智宏，谷田宏次，大久保孝一，武藤満，星聖子，微小重力環境改善のための能動制振技術の開発，日本機械学会論文集，c 57(534)，1991）

ここで機体の前後方向を x, 左右方向を y, 上下方向を z として, 機体の z 方向の低周波域の振動加速度は, 機体の x および y 方向の振動に比べて, 振動のレベルが大きくかつ変動振幅も大きい. そこで上下方向の隙間を増やすために, ペイロードとそれを支持している枠組(ラック)の中間にケージを設けた. 電磁サスペンションはケージとペイロードの間に取り付け, ケージは電磁サスペンションの隙間(ケージとペイロードとの隙間)を 5 mm に保つように制御され, サーボモータで駆動して上下させた. ケージはラックの上下で ±200 mm 移動するため, 電磁サスペンションの隙間が ±205 mm になったのと同様の効果が得られる.

試験装置を航空機に取り付け, 低重力飛行試験を行った結果の例を図 2.54

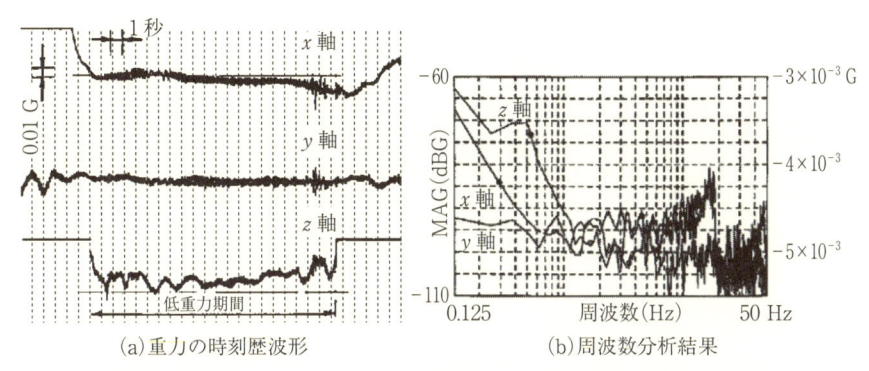

図 2.53 低重力実験飛行中のラック(実験装置装着枠)の重力環境(藤森義典, 木村秀次, 楠瀬智宏, 谷田宏次, 大久保孝一, 武藤満, 星聖子, 微小重力環境改善のための能動制振技術の開発, 日本機械学会論文集, c 57(534), 1991)

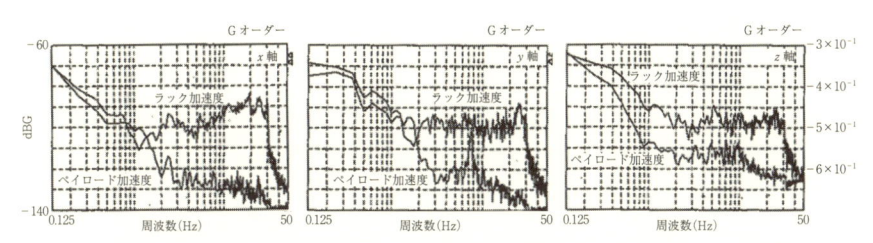

図 2.54 低重力飛行試験結果(藤森義典, 木村秀次, 楠瀬智宏, 谷田宏次, 大久保孝一, 武藤満, 星聖子, 微小重力環境改善のための能動制振技術の開発, 日本機械学会論文集, c 57(534), 1991)

に示す．x, y, z 各方向のラックとペイロードの加速度を対比させて示す．x, y 方向では，高周波の振動はよく遮断されているが，y 方向に低周波の振動がみられ，この振動は遮断されずに残っている．また 7.5 Hz のピークはラックの固有振動数の影響が出ている．

一方，z 方向では 0.5 Hz 付近の低周波のうねりもよく遮断されている．

このように z 軸方向についても電磁サスペンションの隙間を見掛け上 ±205 mm とすることにより，x, y 軸と同様の振動環境に改善することができ，x, y 方向で 20 dB 以上，z 方向で 10 dB 以上の制振効果が得られている．

2.4 風力発電風車の騒音制御の提案

2.4.1 風車騒音の実態

近年環境問題への関心の高まりから我が国でも，自然エネルギ発電の一環として風力発電が盛んになりつつある．風力発電の普及に伴って低周波音，超低周波音騒音が問題になっている．風車の設置数が増えるにつれて，風車騒音についての苦情が増加しているという．わが国のような高密度社会ではなおさらである．近年，日本風力エネルギー協会によるセミナーが開かれたり[45]，諸外国の学会や研究会でも取り上げられたりしている[46〜50]．

風力発電用風車からの騒音は，風車の回転が遅いので低周波であるが，回転翼が直径 100 m にもなるので，翼先端の速度が極めて速く，それによる風切り音，また翼が支柱の近傍を通過する際の空力学的干渉による圧力変動もある．そのほか支柱上端に設置された発電機のギアや発電機の回転に伴って生じる可聴音がある．

図 2.55(a) は低周波音の聴覚閾値を示したものである．20 Hz で 70 dB 程度であり，それ以下の周波数ではさらに大きな値となっている．風車は風速が 4 m/s 程度になると発電が開始される．図 2.55(b) は風速 8.5 m/s のときの騒音レベルの例であるが，音圧レベルはこの設置場所の暗騒音レベルより高くなっており，風車の存在は無視できない．この例では周波数 10 Hz で 80 dB 以下であるが，風車は大型化の傾向にある．また超低周波音は耳に聞こえないからといって問題がないわけではなく，圧力変動がめまいなどを誘発させるなどの身体的影響も知られている．計測法については ISO 7196 に規約があるようであ

2.4 風力発電風車の騒音制御の提案   73

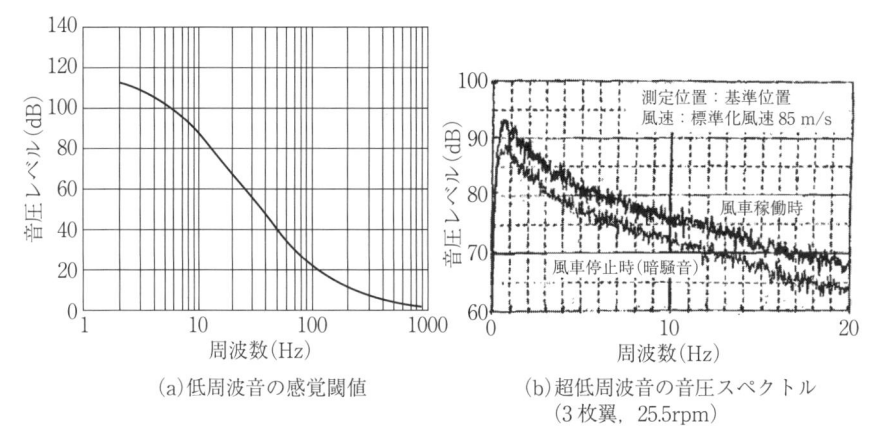

(a) 低周波音の感覚閾値

(b) 超低周波音の音圧スペクトル
(3枚翼, 25.5rpm)

図 2.55 電力用発電風車の騒音スペクトルの例（Acoustical Society of India, Work shop on Aerospace Acoustic Testing Technical Notes, NSA, 2005）

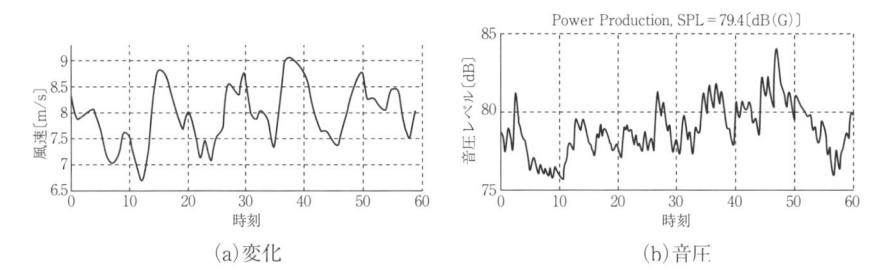

(a) 変化

(b) 音圧

図 2.56 時間変動例（Work shop on Aerospace Testing Technical Notes, Acoustical Society of India, NSA, 2005）

る（G 特性）．図 2.56 は(a)風速の時間的変動とそれに伴う(b)音圧変動(全周波数域)の例である．風車騒音はジェット機騒音などと共通のところがあるようである[51]．図 2.57(a)は海岸沿いに設置された風車のある風景のスケッチである．右側には民家がある．風が海側から内陸に吹いている場合を想定している．民家群のある地域で風車騒音の影響を軽減したい．回転翼の音源はダイポール指向性をもつと考えられる（図 2.57(b)）．

2.4.2 風車騒音対策の案

ここでは低周波，超低周波音の解決策について考えたい．これは1つの対策

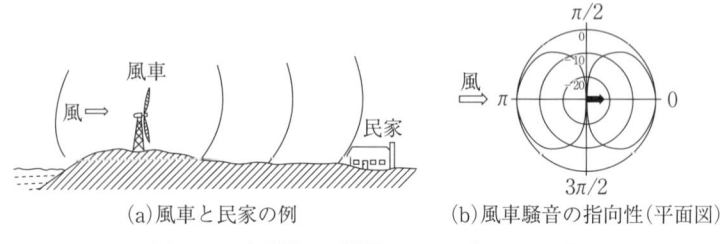

(a) 風車と民家の例　　　(b) 風車騒音の指向性(平面図)

図2.57　海岸沿いに設置された風車のある風景

の提案であり，実験結果について述べたものではない．音源を複数個配列することにより指向特性が変化することを示した(4.1.2項参照)．指向性制御は，消音を目的とするものではないが，騒音波のコピー波を作りそれらを適宜配列することで騒音の伝播方向をシフト，目的の方向に誘導しようとするものである．複数の波の干渉を利用する意味では消音と同一原理に属する．消音のように毒をもって毒を制するのではなく，毒の流れを受け流す避音とでもいうべき方法であるといえる．

この手法の応用については，変圧器からの騒音の方向を能動的に変える論文が報告されている[52]．電力用変圧器からの騒音は鉄心の磁歪振動に起因するものが主で，磁性材のもつ非線形性のために，50 Hz(関西は60 Hz)の基本波だけでなくその奇数倍の高調波音も放射される．連続音で周波数も安定しているため，合成波形の能動制御技術の格好の対象である．2.2.2項の例もその範疇に入る．

図2.58には上の風景の平面図を示す．騒音の民家群への侵入を阻止する戦略は，コピーされた無指向性音源を追加し，指向特性をカーディオイド形(4.1.2項参照)にして騒音を海側に逃がす方法である．すなわち平面図に記入してあるように風車のある中心部に制御用ウーハーと参照信号用マイクを設置し，騒音を軽減したい民家の近くには誤差信号用マイクを設置してそれらを図のように適応制御装置に接続する．誤差マイクが遠方すぎる場合は無線LANなどを利用して信号を送ればよい．また制御用音源には大型の堅牢な全天候性ウーハーとハイパワーの増幅器を必要としよう．風向は一定とはかぎらず，風車は左右にぶれることになるであろう．しかし，カーディオイド指向性は民家側がなめらかなので，風向変動に対して適応制御に不安定などの問題が生じる

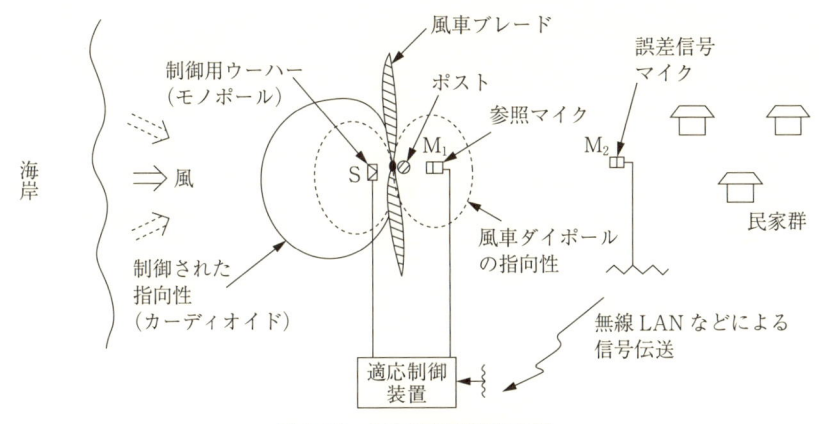

図2.58 指向性能動制御の例

とは思われない．

　この例は1つの案にすぎないが，共同プロジェクトご希望の方がおられたら編者あてにご連絡給わりたい．

文献

1) 日本音響材料協会編：騒音・振動対策ハンドブック，技報堂出版(1982)．
2) 長松昭男：音・振動のモード解析と制御，コロナ社(1996)．
3) 制振工学ハンドブック編集委員会：制振工学ハンドブック，コロナ社(2008)．
4) 前川純一："障壁(塀)の遮音設計に関する実験的研究"，日本音響学会誌，18(4)，1962．
5) 鈴木："能動制御による冷蔵庫の低騒音化"，騒音制御，15(6)，pp. 292-295, 1991．
6) 関口，中西，猿田："能動制御超静音型冷蔵庫 GR-W40NVI"，東芝レビュー，46(5)，pp. 443-446, 1991．
7) 石橋，猪狩，永野，丸山："冷蔵庫の低騒音化"，三菱電機技報，65(4)，pp. 345-350, 1991．
8) アサヒビール："低い周波数の騒音低減技術"，プレスリリース，2007.6.4．
9) アサヒビール："能動騒音抑制装置"，特許公開2006-308809，2006．
10) 西村："プラント騒音対策へのアクティブノイズコントロール"，騒音制御，15(6)，pp. 288-291, 1991．
11) 内田："アクティブノイズコントロール技術を応用した振動ふるいの低周波音対策"，騒音制御，20(6)，pp. 348-350, 1996．
12) 長安克芳："エレベータの空調ダクト音のアクティブ制御"，騒音制御，20(6)，1996．
13) 寺井，橋本："ディジタルANCヘッドセット"，信学技報，EA96-9, 1996．
14) ボーズ，ノイズキャンセリング・ヘッドホン，http://www.bose.co.jp/

15) 西村, 宇佐川, 伊勢：アクティブノイズコントロール, コロナ社(2006).
16) SONY ディジタルノイズキャンセリングヘッドホン, http://www.sony.jp/headphone/special/d-nc/index.html
17) 緒方, 藤川, 嶋田, 西村, 宇佐川, 江端："周波数追従型 DXHS アルゴリズムによる救急車警告音のアクティブ制御", 信学技報, EA99-3, 1999.
18) 岩坪慶哲, 西村隆志, 西村義隆, 宇佐川毅："周波数・遅延推定機構を有する DXHS アルゴリズムによる電子サイレン音の能動制御", 信学技報, EA2003-118, 2003.
19) 角張勲, 水野耕, 寺井賢一, 山本克也："圧電スピーカを用いた壁面透過騒音の能動制御モジュール", (社)日本騒音制御工学会研究発表会論文集, 2(06), 2004.
20) 奥川雅之, 堀康郎："圧電素子を用いたスマート柔軟片持ちハリの自己調整問題", 日本機械学会論文集(c編), **680**(69), 2003.
21) 大久保朝直："スマート材料による遮音", 騒音制御, **27**(4), 2003.
22) 西垣勉, 國吉俊一, 遠藤満："平板スピーカを用いた壁面透過音のアクティブ吸音ユニット", 日本機械学会(No. 06-7)Dynamics and Design Conference 2006 CD-ROM 論文集(2006).
23) 西垣勉, 德重匠, 遠藤満, "平板スピーカを用いた薄板透過音のアクティブ吸音装置の開発", 日本機械学会(No. 04-5)Dynamics and Design Conference 2004 CD-ROM 論文集(2004).
24) 永田穂, "ホール音場のアクティブ制御," 騒音制御, **15**(6), pp. 277-281, 1991.
25) 永田穂, "ホール音場のアクティブ制御," 日本音響学会誌, **47**(9), pp. 678-684, 1991.
26) R. Mackenzie(Ed.)：*Auditorium Acoustics*, Applied Science Publishers Ltd., p 137, London(1973).
27) 浪花克治, "大空間における能動的音場制御—大ホールへの適用—", 騒音制御, **15**(6), pp. 300-303, 1991.
28) 背戸一登："振動のアクティブ制御", 日本音響学会誌, **47**(9), 1991.
29) 永井："アクティブ・サスペンションによる車両の振動制御", 騒音制御, **12**(4), 1988.
30) 武馬, 佐藤, 米川, 大沼, 服部, 杉原："アクティブコントロールサスペンションの解析と開発", 日本機会学会論文集(C編), **57**(534), 1991.
31) 武馬, 大熊, 種田, 鈴木, 趙, 小林："電動アクティブスタビライザサスペンションシステムの設計と開発", 日本機会学会論文集(C編), **74**(748), 2008.
32) 佐々木："鉄道車両のセミアクティブサスペンション", 日本機械学会誌, **6**(991), 2001.
33) 佐々木, 川崎："鉄道車両のセミアクティブ制振装置の開発", 日本機械学会(No. 06-1)2006 年度年次大会講演資料集(8), pp. 121-122, (2006).
34) 谷田宏次："高層建物・橋梁等への能動制振技術の適用", 騒音制御, **15**(6), 1991.
35) 小池, 今関, 風間："高層ビル用レール型フル・アクティブ式制振装置の開発", IHI 技報, **50**(2), 2010.
36) 奥川, 堀：圧電素子を用いたスマート柔軟片持ち梁自己調整問題, 日本機械学会論文集(c), **69**(680), 2003.
37) 古川裕紀, 藤田隆史, 鎌田崇義, 櫻木七平, 晦日英明, "リニアモータを用いた単結晶

引上げ装置用アクティブ・パッシブ切換え型免振装置", 日本機械学会(No.03-7) Dynamics and Design Conference 2003 CD-ROM 論文集(2003).
38) 古川裕紀, 藤田隆史, 鎌田崇義, 櫻木七平, 晦日英明, "リニアモータを用いた単結晶引上げ装置用アクティブ・パッシブ切換え型免振装置(第1報：振動制御実験)", 生産研究, **56**(5), pp.411-414, 2004.
39) 古川裕紀, 藤田隆史, 鎌田崇義, 晦日英明, "ACサーボモータを用いた単結晶引上げ装置用アクティブ・パッシブ切換え型免振装置(第1報：振動制御実験)", 生産研究, **57**(6), pp.22-25, 2005.
40) 古川裕紀, 藤田隆史, 鎌田崇義, 晦日英明, "B35リニアモータを用いたアクティブ・パッシブ切換え型免震装置の実験と解析", 「振動と運動の制御」シンポジウム講演論文集, 2005(9), pp.351-356, 2005.
41) 古川裕紀, 藤田隆史, 鎌田崇義, 晦日英明, "ACサーボモータを用いた単結晶引上げ装置用アクティブ・パッシブ切換え型免振装置(第1報：振動制御実験)", 生産研究, **57**(6), pp.22-25, 2005.
42) 古川裕紀, 藤田隆史, 鎌田崇義, 晦日英明, "ACサーボモータを用いた単結晶引上げ装置用アクティブ・パッシブ切換え型免振装置(第2報：シミュレーション解析)", 生産研究, **58**(6), pp.22-25, 2006.
43) 藤森義典, 木村秀次, 楠瀬智宏, 谷田宏次, 大久保孝一, 武藤満, 星聖子："微小重力環境改善のための能動制振技術の開発," 日本機械学会論文集 c 編 **57**(534), 1991.
44) 清水盛生, 楠瀬智宏, 加藤充康, 大久保孝一, 谷田宏次, 星聖子："微小重力環境改善のための能動制振技術," 騒音制御, **15**(6), 1991.
45) 風力発電の低周波/騒音セミナー, 日本風力エネルギー協会(2009.5.9)
46) 3rd International Conference on Wind Turbine Noise 2009, Aalborg, Denmark, (June 17-19, 2009).
47) Wind Turbine Noise, Inaugural Meeting of the Welsh Branch, Institute of Acoustics, (June 27, 2010).
48) The latest on Wind Turbine Noise, Acoustics Bulletin, Institute of Acoustics, **34**(2), (March/April, 2009).
49) J. Bass, "Investigation of the 'Den Brook' amplitude modulation methodology for wind turbine noise, Acoustics Bulletin, **36**(6), pp.18-24, 2011
50) Dani fiumicelli, "Wind Farm Noise Dose Response", Acoustics Bulletin, **36**(6), pp.26-34, 2011
51) Work shop on Aerospace Acoustic Testing Technical Notes, NSA 2005, Acoustical Society of India, (Dec. 14, 2005).
52) K. Kido and S. Odera："Automatic control of acoustic noise emitted from power transformer by synthesizing directivity", *Science Reports of the Research Institutes, Tohoku University (RITU)*, Series B：Technology, Part 1：Reports of the Institute of Electrical Communication (RIEC), **23**, pp.97-110, 1972.

第3章

快適な音環境づくり
快音化技術

3.1 快音化とは

　人が心地よく感じる音を快音とよび，工業製品から出る音を快音とすることを快音化という[1]．

　我が国では人件費が高いなどの要因で国産の工業製品が高価となることが多く，諸外国の低価格な製品より付加価値を高くする必要がある．例えば，掃除機で「ごみをよく吸う」といった基本性能が満たされることは当然であるが，それ以外の魅力的な性能や機能をどう付加するかは設計者の手腕にかかっている．また，ライフスタイルの多様化から早朝や深夜，特に集合住宅では隣室や上下階への伝達音に対する配慮も必要とされている．また使用時に発生する動作音は，機器の快適性や高級感を左右する重要な因子でもある．

　自動車では，従来エンジンが主な騒音源として発音メカニズムが解明され，動作音を小さくする低騒音化の取り組みがなされていた．しかし，低騒音化だけでは，必ずしも心地よい音環境が実現するとは限らない．運転者はエンジンの動作音が小さくなり過ぎると，動作状況が把握し難くなったり，速度感が弱まったりするなど，快適どころか不快または危険になることがある．加速時の適切なエンジン音は，ある程度大きな音圧でも心地よいと感じられることも多く，必ずしも無音がよいわけではない．

　一方，低騒音化に伴い従来マスキングされ目立たなかった他の動作音が，相対的に大きく感じられ，新たな騒音として問題になることがある．また，非常に小さな音圧であっても心理的に気になり，その音のみが選択的に聞こえることや，ある動作状態のみでときおり発生する異音が問題となることもある．

　人が心地よく感じる音を快音とよび，図3.1に示すように低騒音設計から

第3章 快適な音環境づくり──快音化技術

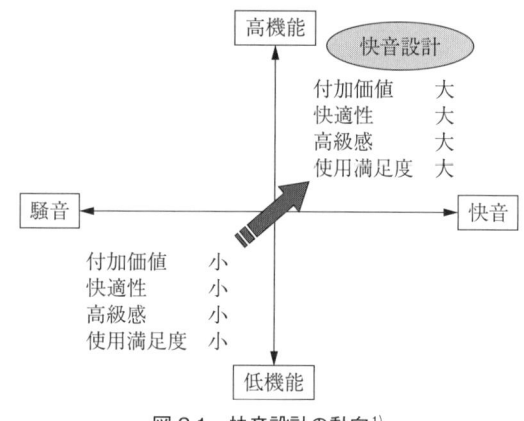

図3.1 快音設計の動向[1]

新たに動作音をデザインする快音設計が必要とされている．快音とすることで人の感性に訴える質感が向上し，使用時の満足度を高めることができる．快音設計では，音質をどのように変化させれば快適に感じられるかを調べ，目標とする音質を設定し，それを実現する構造を提案する．すなわち，楽器と同様に微妙な音質の差異に対する配慮が必要となり，ときおり発生する異音対策も含め，機械設計に音創りの視点が含まれることになる．

具体的には，ユーザの要望やメーカからの提案として，その製品に相応しい音，その製品らしい音を創り出すことが必要とされている．車や建物で高級感のある重厚なドアの開閉音は，商品価値を決める重要なポイントの1つであり，快適な動作音は料理の味付けと同様に必要不可欠である．

製品の色や形状を選ぶことと同様に，いろいろな動作音を音オプションとして選定できるようになると，ユーザ独自の製品として付加価値が高まり，差別化に有利となる．また，今後の高齢社会では，高周波数音が聞こえ難くなる老人性難聴に配慮した音環境創りも大切となる．

3.1.1 快音と騒音

自然界の音は，1／f ゆらぎといわれる高周波数ほど含まれる音圧の割合が減少する分布となっている．風の音や水の音などがこの分布を示し，人は心地よく，快適と感じるようである．これは音に限らず，肌に当たる風なども同

様であり，空調機や扇風機からの風は変動が $1/f$ ゆらぎになるように設計された機種もある．

ただしこれは個人差があり，いつもヘッドホンで特定の音楽を聴いている人などには，$1/f$ ゆらぎを快適と感じない人もいる．このような人の場合には，自然界の音環境では，落ち着かないといったことが起きる事がある．同様に，大晦日に撞かれる除夜の鐘は，日本人の心を和ませるものであるが，外国人にとっては必ずしも同じような感覚を抱く音ではない．

工業製品においても，ある国では問題とされていない動作音が，日本では騒音とされることもある．これらは，生活環境や過去の経験，記憶の違いにより，人それぞれが音に対して異なる感覚を備えていることを示唆している．

カタログの写真で自動車やオートバイのスタイルを見ると同時に，加速時や走行中にどのような音がするかにも興味がもたれる．スポーツサウンドといわれる力強い重低音を期待する人がいる一方，静かな自動車室内音を望む人もいる．高級感のある重厚なドアの開閉音は，商品価値を高める重要なポイントであり，快適な動作音が必要不可欠である．

音は，好き嫌いなど，主観的に決まる部分と，客観的に決められる部分がある．主観は，音圧や周波数特性など計測機器で得られるデータだけでは表現が難しく，通常SD法などアンケートにより調べる[2,3]．心地よい音(快音)と不快な音(騒音)の判断は，個人の嗜好も加味されるために，その時々に応じて変化する「よい音」，すなわち，心地よい音(快音)が何であるかを決めることは難しい．

3.1.2 低騒音化から快音化へ

日常生活の騒音に「防音・遮音」を施して音を消す時代から，心地よい音を創り出す「快音化」の時代になってきた．自動車，工業製品などは，その基本性能が年々向上しており，付加価値として人が快適に使用できることに主眼が置かれている．個々の動作音を改善して快適な音環境を実現するためには，低騒音だけでなくその音質の改善すなわち快音化が求められる．快音化には人の感性を考慮することが重要である．

これまでの住宅環境では，「騒音」というと，車や近隣の生活音など外部からの音が主であったが，最近の住宅は遮音性能が向上したために，自宅内の騒音

も問題になってきている．掃除機や冷蔵庫のモーター音，洗濯機やミシンの音，車の排気音……．私たちの日常には，耳障りな音が思っている以上にある．今まではこれらの騒音を低減するための技術開発が進められてきた．しかし，音を消すことにより新たな問題も出てきた．音を消してしまうことにより発生した問題とその解決方法の例を以下に示す．

・デジタルカメラ
　シャッタ音が鳴らないため，きちんと撮影できたのかわかりにくい．
　シャッタ音が鳴る機能を搭載し，撮影できたことを音で確認できる．
・電気自動車
　排気音がなくなり，歩行者が車の接近を察知できず危険である．
　擬似エンジン音を搭載して車の接近を知らせる．
・掃除機
　動作音が静かになり，きちんと作動しているのかわかりにくい．
　モーター音を最小限に抑えながらも，ゴミを吸う音は聞こえるようにする．

　その他にエアコン，ミシン，コピー機，トイレ洗浄音などにおいても快音化の技術が適用されている．このように音を消すだけでなく，「それらしい音がする」，「ちゃんと操作できている」という感覚を利用者に与える「快音」を搭載する製品が登場し始めている[4]．

3.2　身近な快音設計

　見る，聞く，触れるといった五感体験の重要性が着目され，感覚に訴える製品開発やマーケティング戦略がなされている．ものづくりは物理的品質だけでなく，感動や共感を与える「感性価値」の充実も必要と経済産業省は提案している[5]．

　製品の基本性能を維持しながら，適切な動作音にすることで快適性を高めるばかりでなく，音響的な効果により操作性の向上や製品自身の付加価値を高めるサウンドデザインが試みられている．既に，自動車やカメラ，ゴルフクラブなどの高級志向の製品は，音によるブランド化を目指している．音には人を不快にする騒音と，音楽のように人を快適にする快音がある．快音には，周波数特性や時間変動などの音質を考慮した快適性，動作状況の把握や音声案内など

情報音としての機能性を高めることも含まれる．性能や外観デザインばかりでなく，五感に響く快音で「感性価値」が向上できる．

一方，家庭やオフィスの音環境は，窓や壁などの遮音性が向上して屋外からの騒音が削減され，また室内に存在する機器も低騒音対策が実施されている．しかしながら，騒音に対する不満は必ずしも減っていない．それは，機器の小型軽量化および高速化により機器から騒音が発生しやすくなり，また短期間の製品開発やコストの制約などから設計段階での騒音予測が不十分で，場当たり的な騒音対策となることも一因である．

個々の機器から発生する騒音は小さくても耳障りとなったり，機器の設置環境における暗騒音が低下したことで，従来では気にならなかった，または聞こえなかった騒音が顕在化することが多くなっている．いわゆる"もぐら叩き"状態での騒音対策は，効果的でないことが多くなった．

快適な音環境とは，その空間に存在するさまざまな機器がオーケストラの楽器のように環境に調和して違和感を生じさせず，それぞれが相応しい動作音を発生している状態である．したがって，すべての機器を無音に近づけるような低騒音対策ではなく，動作音により快適性を向上させる快音設計が必要である．

3.2.1 自動車の快音設計

ここでは，自動車の音創りの現状について解説し，快適な音環境を実現する快音設計の動向について紹介する[6]．

a. 環境の変遷と快音設計

自動車車室内では，遮音性や吸音性を高めたことにより，日本車は走る無響室といわれるほど騒音を低減させ，静粛性を高めることに注力してきた．しかしながら，運転者や同乗者の音質に対する満足度は，必ずしも向上していない．運転者はエンジンの動作音など運転に必要な情報音が小さくなり過ぎると，動作状況が把握しにくくなり，速度感が弱まるなど，快適より不快または不安に感じることもある．

加速時の適切なエンジン音は，ある程度大きな音圧でも心地よいと感じられることも多く，必ずしも無音がよいわけではない．また，車室内では騒音を下

げれば下げるほど，いままで聞こえなかった新たな騒音が浮上してくる"いたちごっこ"に陥ってしまうことがある．

例えば，エンジンや吸排気の低騒音化により，今までかき消されていた小さながたつき音やきしみ音が相対的に大きくなる．また，車体の低騒音化によりタイヤ/路面騒音の車室内音に占める寄与が高くなったり，路面が排水性舗装の場合は高周波数の吸音により低周波数のこもり音が問題となることもある．

このように，製品の基本性能が満たされた状態で，かつ人が心地よいと感じる動作音にすることで，その製品の付加価値が高められ，快適性が向上し，高級感も増すことができ，使用した際の満足度が高められる．したがって，単なる低騒音化では得られない人の感性に訴える音質の向上が重要であり，楽器のような繊細な音作りの視点が必須といえる．所望の性能を満たしつつ感性に響く音創りや，新たな動作音を創造する快音設計が望まれるわけである．

b. 自動車の音創り

世界的なヴァイオリンの名器であるストラディヴァリウスは，他のヴァイオリンと音階を奏でる基音は同じでも，音に含まれる倍音の周波数特性や過度応答などが微妙に異なるため，特有な音色となり価値を高めている．また，スポーツカーのポルシェや，大型バイクのハーレーダビッドソンなども特有の音色が認知され，ブランド音となっている．たとえ音圧が大きくても，適切な音色であれば，人々には受け入れられ，そのメーカを連想させるメーカサウンドとなる．

自動車は，車種や車格に相応しい音作りが求められている．欧州では，燃費や環境を考慮してディーゼル車の市場占有率が図 3.2 に示すように年々高まり，既に 5 割を超えた国も多い[7]．また，図 3.3 に示すように年々排気量が増大し，パワーのある車が求められている．その中でも，ドイツ BMW5 シリーズやその競合車では，図 3.4 に示すように時速 100 km の走行音の騒音レベルは，わずかながら年々低下している．しかし，多大な労力を費やして行った低騒音化は，効果が明確でなく，むしろ車の楽しみや個性を半減している可能性もある．

そこで，BMW では全車種を対象に図 3.5 に示すようなサウンドマップを作成して，企業イメージにあったメーカサウンドを定義している．このライン上

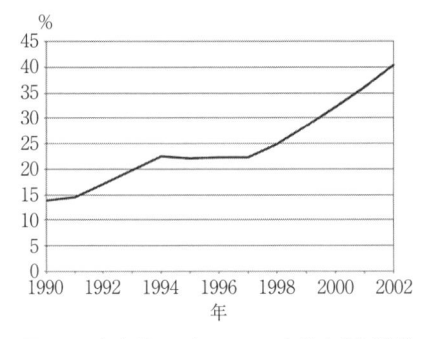

図3.2　各年代のディーゼル車比率(欧州)[7]

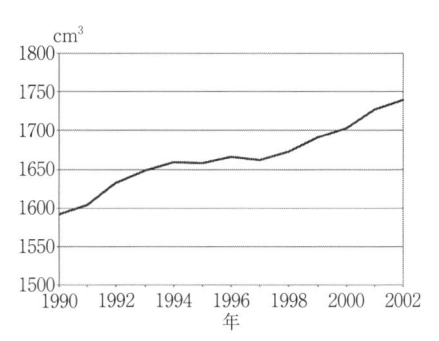

図3.3　各年代の平均排気量[7]

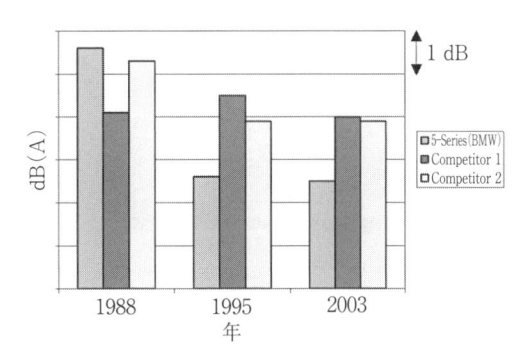

図3.4　各年代の平均音圧レベル[7]

に走行音を並べることで，統一感のある車種に相応しい音色となる．

　各メーカは，いかに個性的な製品を作り，他社と差別化し，付加価値を付けるかにしのぎを削っている．そこで1つの有効な手段は，そのメーカらしい音，相応しい音であるメーカサウンドをもつことである．自動車のみならず，家電製品や情報機器でもメーカサウンドを創始する動きがある．

　ここで，メーカサウンドとなる目標音質の設定には，図3.6に示すような音響シミュレーションを用いる．現状の音に対して，音編集や低域通過フィルタ(Low-Pass filter, LP)，帯域除去フィルタ(Band-Stop filter, BS)あるいは帯域通過フィルタ(Band-Pass filter, BP)など各種フィルタを作用させ，それを音再生して音質評価を行う．

　エンジン音，こもり音，ロードノイズ，風切り音など個々の構成音を単独に

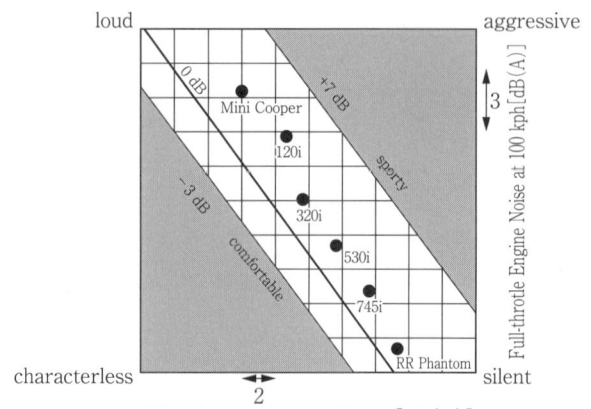

図 3.5　自動車サウンドマップ（BMW）[7)]

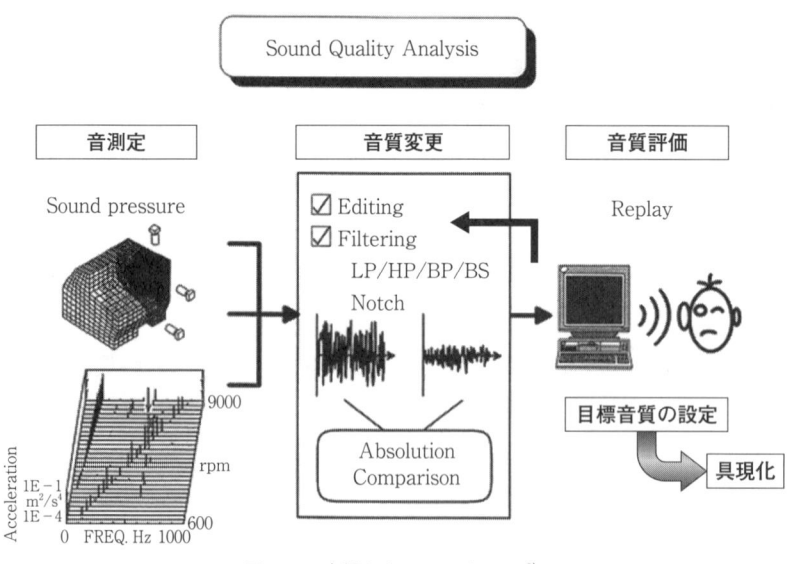

図 3.6　音響シミュレーション[8)]

　低減や音質改善したのでは，バランスやマスキングが優位に作用しなくなり，最終的には全体の音質を悪化させることもある．周波数特性や振幅バランス，時間特性を変化させ，音質に対する各構成音の寄与を把握することが重要であ

3.2 身近な快音設計　87

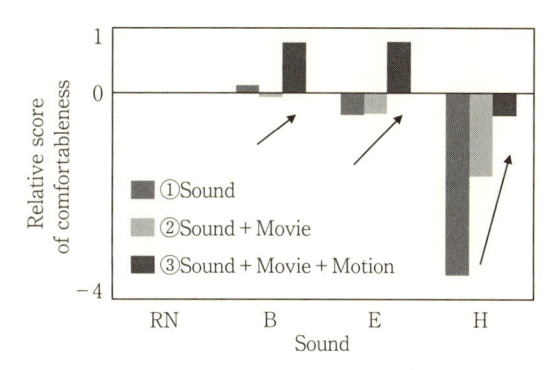

図3.7　電気自動車加速音の快適性の変化[10]

る[9]．実測されたNVH*情報に基づき，ハンドル，アクセルなど車両の操作と連動させて音再生が可能なドライビングシミュレータが開発されている．

自動車のドライバは聴覚情報に加え，視覚情報と運転動作を伴い，搭乗者は聴覚情報と視覚情報のみとなる．そこで，ドライビングシミュレータを用いて，条件①「音源のみの評価」，搭乗者に相当する条件②「音源と走行映像を提示した評価」，ドライバに相当する条件③「音源，走行映像と運転動作を考慮した評価」，の場合の印象変化を調べる．

電気自動車加速音の実験条件として，62.3 dBAのロードノイズのみ《RN》に対して，電気自動車の擬似モータ音 30.1 dBA《B》，45.4 dBA《E》，70.6 dBA《H》と比率を変更し，それぞれの快適性を調査する．図3.7は，縦軸の数値が大きいほど快適性が高いことを示し，ドライバに相当する条件③は，ロードノイズのみ《RN》より適切なバランスの擬似モータ音《B》や《E》を提示した場合に，快適性が向上することを示している．また，最も音圧が大きい《H》では，運転動作を考慮した条件③の評価が，条件①や条件②の評価より，擬似モータ音の不快感を低減する傾向が確認できる．

---

* NVH：車の快適性を表す三大要素「Noise」「Vibration」「Harshness」の頭文字をとった略語で，「Noise」は雑音や騒音のことを，「Vibration」はエンジンやタイヤから伝わってくる振動のことを，「Harshness」は路面の段差などによってステアリング（ハンドル）やシート，フロアに感じる振動のことをいう．車の快適性の評価基準として使われる．

これより，自らの意志で加速しようとするドライバには，適切な加速音の提示で迫力感を実感させられることがわかる．ドライバや搭乗者は，加速時，定速走行時，減速時など，運転シーンに応じて異なる印象となることも確かめられている[10]．

一方，自動車のドア閉まり音は，ボディが黒色でも黄色でも同一であるが，それぞれの色のイメージに合致したドア閉まり音に変えることで印象は効果的に変えられる．快音設計は，聴覚のみに着目するのではなく，視覚や触覚なども加味した複合刺激を考慮して，それぞれの寄与を的確に把握することが重要である[11]．

c. 自動車車室内の音質評価

目標音質の設定には，まず適切な音質評価が必要となる．自動車技術会は2004年，14年ぶりに『自動車技術ハンドブック』の改訂版を発刊した．その中には，ハイブリッド車や燃料電池車に関する記述や，リサイクル技術の発達などが取り入れられるだけでなく，新たに「音質評価」という項が追加されている．

さらに，自動車技術会の音質評価技術部門委員会では，各自動車メーカで収

図 3.8　自動車音源 DVD2008

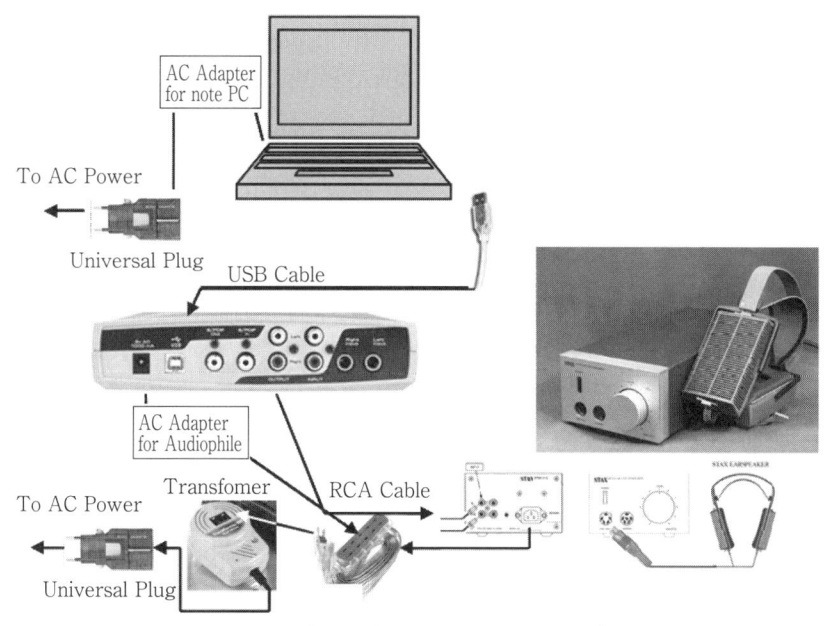

図 3.9　自動車技術会推奨の音再生装置[12)]

集された自動車音源をまとめ『自動車音源 DVD2008』(図 3.8)を製作している．ここには，乗用車，トラック，バス，二輪車の加速時音，ロードノイズ，アイドル音の計 160 サンプルが収録され，標準的な自動車音源として活用されている．

また，音質評価には市販品で入手しやすい音再生装置(図 3.9)を選定し，統一的な試験方法を提案している．音再生装置は，ノート PC，平坦な周波数特性を有するオーディオインターフェースとヘッドホンから構築される[12)]．

また，ガソリン乗用車の加速時車内音と，ディーゼルトラックのアイドル車外音に対して，音質評価に適切なサンプル音条件を決め，主観評価に用いる適切な形容詞対が選定されている．海外で SD 法に用いるための評価言語の形容詞対として，英語，ドイツ語，フランス語も用意されている．

『自動車音源 DVD2008』には，評価用のソフトも用意され図 3.10 に示すように誰もが同じ条件で音質評価を可能とし，180 余名の音質評価結果が収録されている．この標準化された音源，および音再生装置を用いて，国内および世

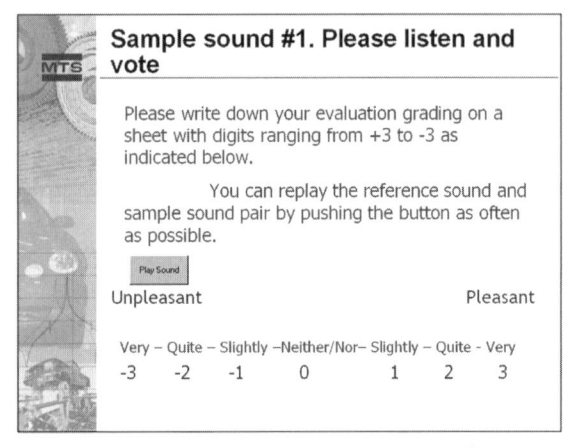

図3.10 音響評価ソフトウェア表示例[13]

界の主要市場7カ国の協力機関と連携して音質評価が実施され，日本と各国との音質評価の同一性と差異が検討されている．人種や民族，生活習慣や過去の記憶などによる違いなどがあり，評価結果に差異が生じることが明らかになっている．

音質の嗜好の国際比較により，自動車の全体的な特徴を示す「快い―不快な」の評価は，日本と各国での相関にばらつきが小さく，「高級な―安っぽい」の評価も同様である．しかし，日本と英国では，「澄んだ―濁った」，「こもった―こもらない」，「かん高い―落ち着いた」，「軽快な―重々しい」では相関が低い．

日本と韓国では，諸外国に比べ，特に高周波成分の「かん高い―落ち着いた」や，低周波成分の「こもった―こもらない」双方に相関が高い．音の大きさと周波数成分の両者に対し相関が高いのは，アジアという地域性が起因しているのか，頭部の骨格の特徴などが似ているためなのかと考えられている．

各国で周波数に対する感受性の違いが評価に現れ，地域によって多少異なった音質の味付けをすることが，製品の付加価値向上に役立つと結論付けられている[13]．

既に，ガソリンまたはディーゼルとモータを組み合わせたハイブリッド車や，燃料電池自動車など従来のエンジン以外の動力源を有する自動車の音質に対する研究も進められている．各メーカは音質評価に基づき，要望される音質

を早期に実現し，国際競争力のある開発体制を構築することが望まれる．

d. 自動車車室内に適切な音環境

　スイスの名峰マッターホルンに抱かれた町ツェルマットでは，環境に配慮してガソリン車の乗り入れを禁止しており，小型電気自動車が往来している．電気自動車では走行音が小さく歩行者に危険なため，鈴を付けることもある．

　機構部品を含まない携帯電話やデジタルカメラでは動作音がないので，動作を連想させる音や，撮影を認識させる全く新しい情報音を付加する音創りが行われている．これは車室内のオーディオやナビゲーションなどでも同様で，音楽やアナウンスはもとより，スイッチ動作音など音情報の付加による操作性の向上や，視覚情報の補完などを可能にする．

　この情報音の音創りでは，車室内の暗騒音の考慮や会話の明瞭性を保つこと，運転者や同乗者の心理状態に相応しいものとすることが必要である．脳波や呼吸などの生体情報から，刻々と変化するストレスや感性などを考慮することが可能となる[14]．

　音の心地よさを脳波反応から判断した例では，消極的快音と音の客観量との相関性分析から，音量は小さくて振幅変化が少なく，若干の目立つ周波数成分があるとロードノイズが心地よいと判断される[15]．

　聴覚は五感の1つであるが，運転中のストレスや，変化する視覚情報，振動や乗り心地によっても音質の判断基準は変わってくる．車室内の暗騒音や複合刺激のある状態と，静かな部屋で聞いたときとは音に対する感受性が異なるので，今後ストレスと音の関連や，心理状態を加味した音質評価が必要である．

3.2.2　事務機器の快音設計

　ここでは，最近の事務機器における快音設計の事例を紹介する．昨今，多くのオフィスでコピー，プリンタ，ファクシミリ，スキャナなどの複数の機能をもつ多機能機器(Multi Function Peripheral, MFP)が使用されている．MFPには連続的な定常音と共に複数のモータ，ギア，クラッチ，紙の衝突音など時間とともに変化するさまざまな過渡音が含まれている．

　MFPの快音設計では，次の4つを実施している．まず，レーザ光をスキャンするポリゴンミラーやファンなどから発生する定常音の音質評価を行い音質

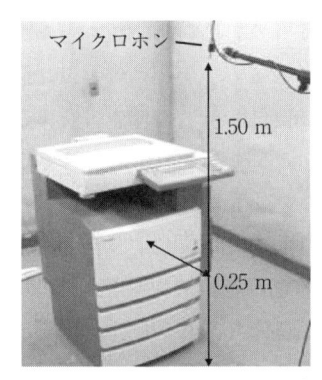

図 3.11　MFP の動作音測定[16]

への寄与が高い音源を特定する．次に，複数枚の印刷時に繰り返し発生する過渡音により形成されるリズム感に着目した音質評価を行い，好まれる動作音を推定する．また，設計段階で快音設計が行えるよう音響シミュレーションを用いて過渡音の予測を行う．さらに，長期間使用した際に発生する音質の経時変化に着目したリズム感の音質安定化の指標を検討する．

ここでは，繰り返し発生する周期的な動作音のリズム感に着目した快音化と，音質の経時変化を定量的に考慮した音質安定化について述べる．

a.　MFP 動作音の概要[16]

MFP の音響特性は，JIS X7779 に基づき図 3.11 に示す機器の前面から 0.25 m，高さ 1.50 m のオペレータ（使用者）の耳位置で測定する．印刷速度は，モノクロ 45 枚/分，カラー 11 枚/分である．図 3.12 にモノクロ 1 枚コピー時，図 3.13 にモノクロ連続 10 枚コピー時の音圧測定を示す．1 枚コピー動作音を現象ごとに分けると，起動部（Start-up），過渡部 1（T1），定常部（Steady），過渡部 2（T2）の 4 つに分けることができる．一方，連続 10 枚コピー動作音は，これらに加え過渡部 3（T3），過渡部 4（T4），過渡部 5（T5）を含む周期部が存在する．この周期部は 2 枚目コピー以降で印刷枚数分繰り返す．

b.　MFP 動作音の音質評価[16]

過渡音では，定常音と異なりどの音部分が音質への寄与が高いかを知ること

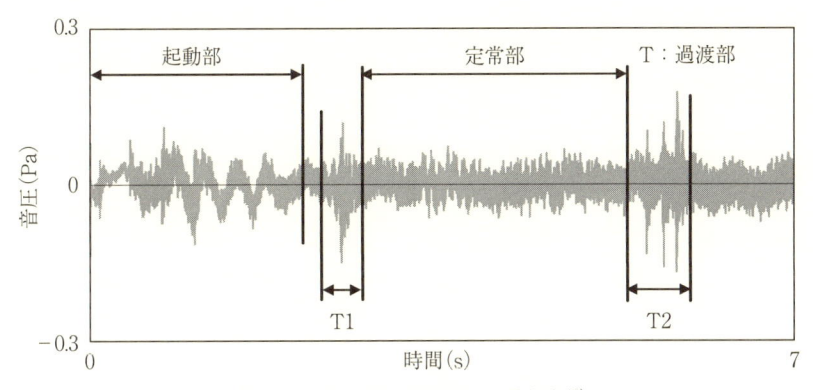

図3.12 モノクロ1枚コピー動作音[16)]

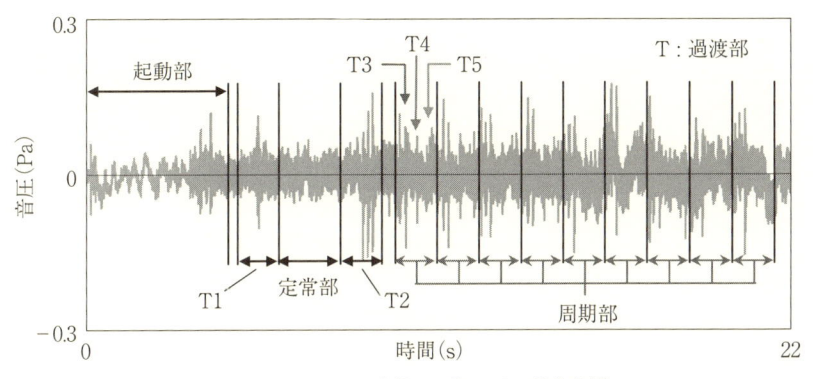

図3.13 モノクロ連続10枚コピー動作音[16)]

が重要である．そこで，図3.12，図3.13に示すオリジナル音の各音部分に変化を与えた評価音を個別に作成し，それぞれをオリジナル音と相対評価を行う．その結果，最も音質の変化を感じた部分の寄与が高いといえる．評価音の作成は，定常部の場合，特徴的な周波数にフィルタをかけることで寄与を把握する．一方，過渡部の場合，その周囲の時間に存在する定常音とみなせる部分と置き換えた際の変化から，着目した過渡音の寄与を調べる．

音質評価はSD法により行い，得られた回答を因子分析し，第1因子から順に美的因子，衝突因子，動作因子，変化・リズム因子と名付けている．図

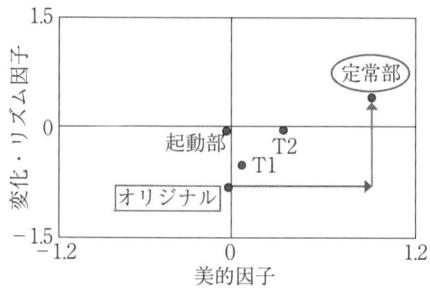

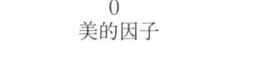

図 3.14　1 枚コピー因子散布図[16] 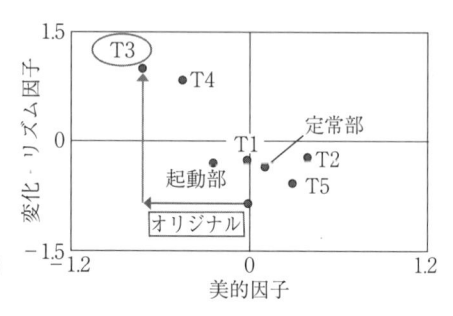　　図 3.15　連続 10 枚コピー因子散布図[16]

図 3.14 に 1 枚コピー時，図 3.15 に連続 10 枚コピー時の美的因子と変化・リズム因子の因子散布図を示す．1 枚コピーの場合は定常部(Steady)がオリジナル音からの距離が大きく，音質への寄与が高いのはポリゴンミラーモータと推定される．一方，連続 10 枚コピーの場合は繰り返される周期部でリズム感が形成され，紙搬送系に起因する過渡部 3(T3)の寄与が高いと推定される．過渡部の変更では，発生するタイミングの影響も大きいことがわかり，周期部で形成されるリズム感の変更による快音化を行う．

c. 周期部のリズム感評価[17, 18]

繰り返される周期部の時間長によって形成されるリズム感と，周期部内を構成する過渡部により形成されるリズム感について音質評価を行い，好まれる音質を推定する．

評価音は図 3.16 に示す周期部の時間長が 1.3 s であるオリジナル音と，その 1 周期部の時間長を 1.0 s，1.1 s に短縮，1.5 s，1.9 s に拡張した計 5 つを，それぞれ 5 周期分のリズム感を一対比較法で音質評価する．1 周期部の時間長は，1.1～1.3 s でリズム感がよく感じられることがわかる．

次に，周期部のオリジナル音において，過渡部の発生位置を変更したリズム感評価を行う．図 3.17 に示すよう周期部内を 8 等分した位置に過渡部 3 と過渡部 5 の大きい音圧を一致させた評価音を作成する．ここで過渡部 4'(T4')を位置 p，q，r の 3 つの位置に移動させた場合のリズム感の変化を一対比較法で音質評価を行う．周期部内を等間隔化した位置に過渡部を合わせ，かつ過渡部 4' が位置 q にある周期音が好まれることがわかる．よって過渡部を等間隔

に配置することで音質を向上させることができるといえる.他の音源で好まれるリズム感を調べるために,図3.18に示すようなランダム波を用い等間隔のリズム感を作成し音質評価しても,ほぼ同様な傾向が得られる.

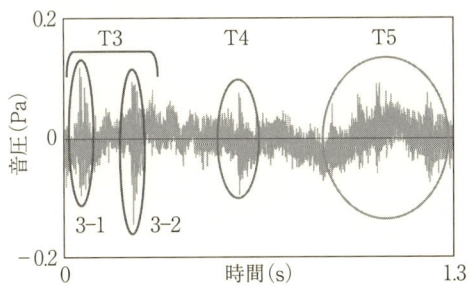

図3.16 連続コピー時の1周期部[17]

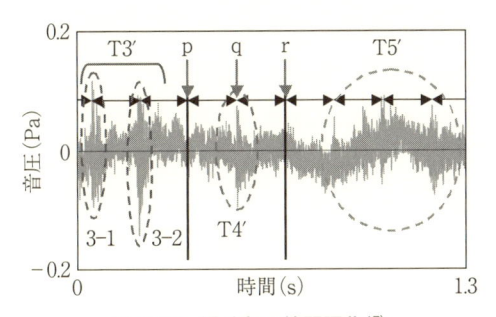

図3.17 過渡部の等間隔化[17]

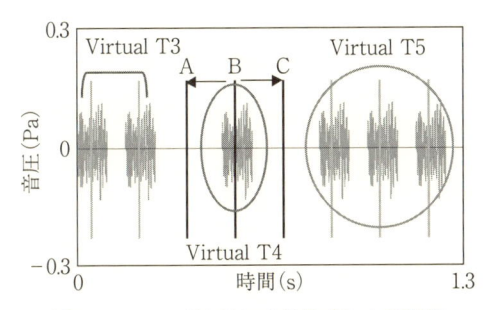

図3.18 ランダム波により作成した周期部

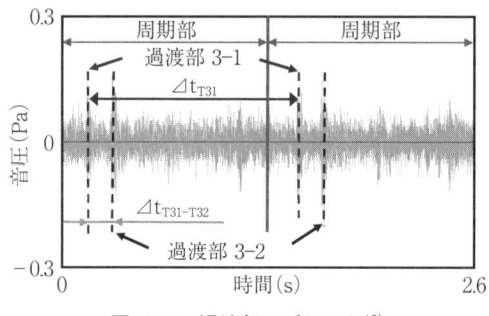

図 3.19 過渡部のばらつき[19]

d. 経時変化を考慮した音質安定化手法[19]

製品の製造時に動作音を快音に調整しても，長期間の使用により動作音は変化することが多い．そこで，複数の過渡音で形成されるリズム感に着目した音質安定化手法を検討する．

通常の使用条件より厳しい数千枚の連続コピーを繰り返して行い，動作音の経時変化を把握する．そして，聴感への影響を音質評価により確かめ，設計の際に考慮すべきばらつきの指標を検討する．

図 3.16 および図 3.19 に示す基準周期部において周期内過渡部 3-1 と 3-2 の動作間隔を動作ばらつき $\Delta t_{T31-T32}$ と定義して，次の過渡部 3-1 が発生するまでの間隔をばらつき Δt_{T31} と定義する．20 周期における $\Delta t_{T31-T32}$ と Δt_{T31} の標準偏差は，コピー枚数が数十万枚となるまで調査したところ，両者共に 0.025 s 程度である．そこで，どの程度の時間までばらつくと聴感上影響があるか音質評価によって確認する．

まず，周期内動作ばらつき $\Delta t_{T31-T32}$ のばらつきの影響を検討する．評価音は，測定により得られた平均的な周期部を基準音とし，それをもとに音響シミュレーションを用いて，過渡部 3-2 の発生タイミングを前後に移動する．そして，10 周期における $\Delta t_{T31-T32}$ の標準偏差がそれぞれ 0.010〜0.090 s となるように作成し，音質評価を実施する．基準音に比べ評価音が「かなり不快」および「非常に不快」と回答した人の割合をまとめた結果を図 3.20 に示す．不快と感じる被験者は，破線で示す現状の 0.025 s で 4 割程度であるが，$\Delta t_{T31-T32}$ の標準偏差が 0.030 s で 5 割弱の被験者が不快に感じている．よって，周期内動作ば

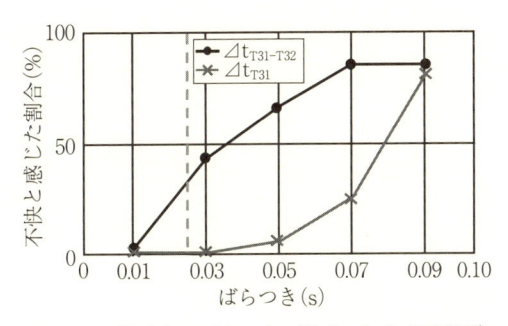

図 3.20 過渡部のばらつきが聴感へ与える影響[19]

らつき $\Delta t_{T31-T32}$ は，0.030 s 以下にすることが望ましい．

次に，周期間ばらつき Δt_{T31} の影響を検討する．評価音は，基準音をもとに，過渡部 3 の後の定常音を削除し，過渡部 3 か過渡部 5 の後に定常音を挿入して周期間ばらつきを変更する．10 周期における Δt_{T31} の標準偏差がそれぞれ 0.010～0.090 s となるように作成し，同様に音質評価を実施する．

図 3.20 に示すように，不快と感じる被験者は，破線で示す現状の 0.025 s ではほとんどなく，Δt_{T31} の標準偏差が 0.070 s でも不快と感じる被験者は 3 割以下である．動作ばらつき $\Delta t_{T31-T32}$ と比較すると，周期間ばらつき Δt_{T31} は聴感への影響が小さいことがわかる．周期間ばらつきは，この場合の周期部が 1.3 s であるので，比率が小さいためと考えられる．

過渡音のばらつきは，紙の衝突音や反り返り音が主な原因である．今回実験で使用した装置のように，リズム感が安定していることが望ましいといえる．

e. 目的とする活動を支援する機能性音響空間

製品単体の快音化ではなく，環境に存在する人に対して音を有効に作用させ，目的とする活動を支援する機能性を有する音響空間，スマートサウンドスペース (Smart Sound Space) が提唱されている[20]．設置環境の影響を含め同一空間をエリアごとに適切な音場制御をすることで，図 3.21 に示すように家庭ではリラクセーションやコミュニケーションをとりやすく，教育・オフィスでは集中力を高め業務が捗り知的生産性の向上が期待できる新たな環境価値が創造できる．

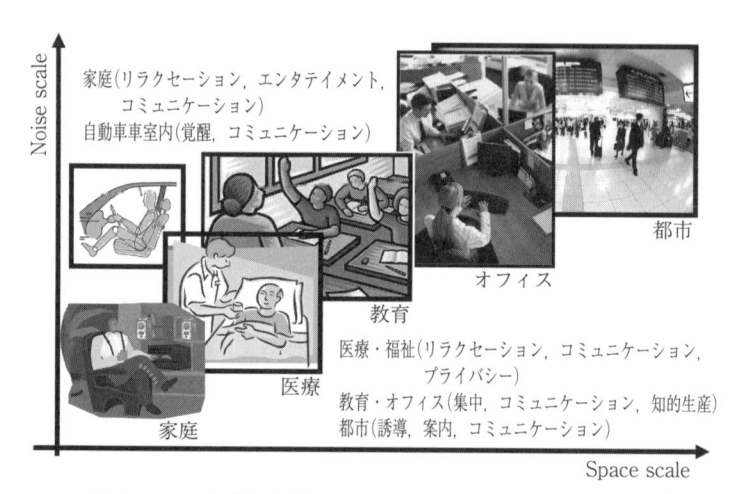

図 3.21 さまざまな環境におけるスマートサウンドスペース[20]

集中力や緊張感が薄れ覚醒水準の低下する場合，好みの音楽で一時的な眠気の抑制が認められる．また，高覚醒水準時心拍相当(80回/分)の$1/f$ゆらぎに合わせたランダムな間隔で音圧を変化させた提示音は，覚醒効果が高くなり，好みの音楽に覚醒音も加えることで，さらに長く覚醒水準を維持できることが眠気指標および脳波から示唆されている[21-23]．複数のスピーカ音源を用いて同一空間内に異なる音環境を実現する試み[24]や，音への聞き慣れを定量的に評価すること[25,26]もなされている．

3.2.3 家電製品の快音設計

洗濯機，ミシン，カメラ，掃除機，エアコンを例として，身近な製品における快音設計について具体的に述べる．

a. 洗濯機[27]

はじめに洗濯機を例として取り上げ，快音設計の具体的な手順について述べる．図 3.22 は洗濯機の脱水開始時の動作音を短時間毎に切り出し周波数分析したものであり，起動時に複数の周波数で大きな音圧が生じ，また時間とともに低周波数の回転成分の音圧が大きくなる．この動作音を被験者21名に聞いてもらいSD法を実施したのが図 3.23 の○印である．音質の特徴として，力

3.2 身近な快音設計　99

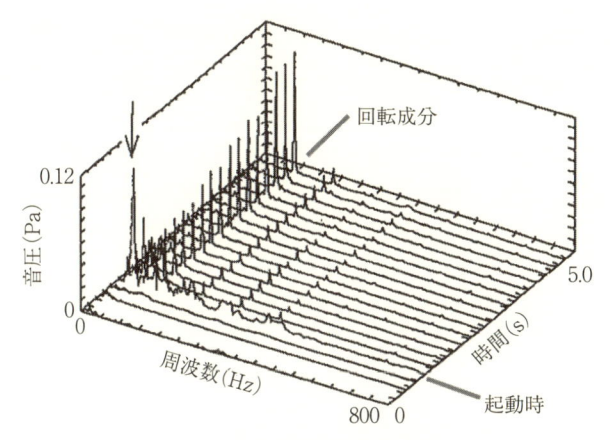

図 3.22　脱水開始時の音圧変化[27]

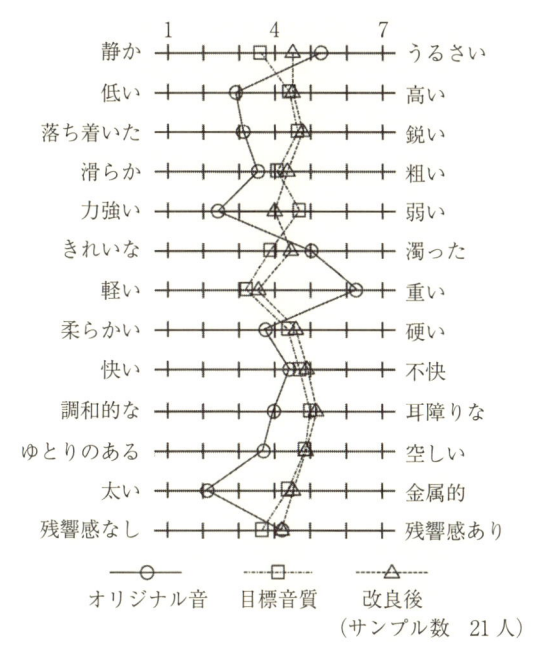

図 3.23　脱水開始時の主観的音質評価[27]

強く，重い，太いと表現できる騒音が発生して不快感を与えており，その他の項目ではほぼ中央にあるため特に目立った音質でないことがわかる．SD法では，使用経験や性別，年齢などを加味し適切な母集団を選定することと，因子分析から独立した過不足ない形容詞対を用いることが重要である．

　洗濯機の脱水開始時の騒音を快音に近づけるために，収録した動作音の音質をコンピュータ上で変更する音響シミュレーションを行う．初期の動作音の音圧バランスや周波数特性を何回か変更して，主観的によいと判断される目標音質を設定する．再度，目標音質をSD法により評価すると，先程の力強く，重い，太いと表現された騒音の特徴が図3.23に□印で示すように改善され，どの項目もほぼ中央となった．

　そこで，実際の洗濯機を，仮想的に作成した動作音となるように改良するため騒音の原因を調べる．洗濯槽はお寺の鐘を逆さまにしたような形をしており，起動時に発生したスペクトル(図3.22に矢印で示した周波数)では，図3.24に示すような洗濯槽の固有振動数で発生する振動モードが発生している．回転につれてこのような音が発生しやすい形状である．この振動モードの振動振幅を低減するために，設計変数に対する目的関数の変更を効率的に行う感度解析に基づき洗濯槽上部にバランスよく質量を付加することを考案した．実際

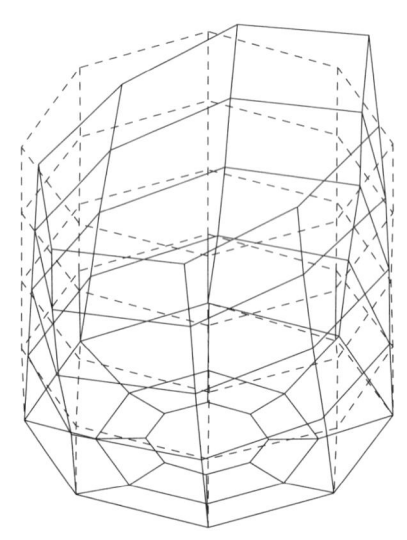

図3.24　洗濯槽の振動モード[27]

に構造変更を実施し，改良後の動作音を SD 法により評価すると，**図 3.23** の △印で示す音質となり，目標音質である□印とよく一致して目標音質に快音化できていることがわかる．

b. ミシン[28, 29]

次に，ミシンの動作音を心理音響評価尺度を用いて評価した例について述べる．ミシンはモータや多数の歯車，周期的な運動を与えるカムなどを用いて縫うもので機械的な動作音が生じる．メーカは他社との差別化をするために，子供の昼寝時や夜間でも使用できる快適な動作音を目指している．ミシンの最高速度での動作音を SD 法により音質評価し，因子分析した結果が**表 3.1** であ

表 3.1 ミシンの音質評価の因子分析[28]

		因子負荷量		
		I 耳障り	II 美的	III 迫力感
1.	とげとげしい―丸みのある	**0.979**	0.130	−0.174
2.	ごろごろした―滑らかな	**0.707**	−0.217	0.168
3.	甲高い―落ち着いた	**0.534**	−0.155	−0.221
4.	好ましくない―好ましい	**−0.575**	0.328	0.023
5.	騒々しい―静かな	−0.132	**0.696**	0.274
6.	汚い―美しい	−0.261	**0.689**	0.035
7.	荒々しい―穏やかな	−0.031	**0.656**	0.250
8.	不快な―快い	0.505	**−0.617**	−0.167
9.	かたい―やわらかい	0.293	**−0.534**	−0.441
10.	はっきりした―ぼんやりした	−0.037	0.197	**0.815**
11.	力強い―弱々しい	−0.033	0.317	**0.664**
12.	迫力のある―物足りない	−0.086	0.265	**0.628**
13.	金属性の―深みのある	0.428	−0.128	−0.380
14.	濁った―澄んだ	0.322	−0.464	0.288
15.	ばらばらな―溶け合った	0.216	−0.156	−0.087
16.	大きい―小さい	0.108	−0.545	−0.125
17.	鋭い―鈍い	0.179	0.293	−0.475
	寄与率(%)	47.3	18.3	14.6
	累積寄与率(%)	47.3	65.7	80.3

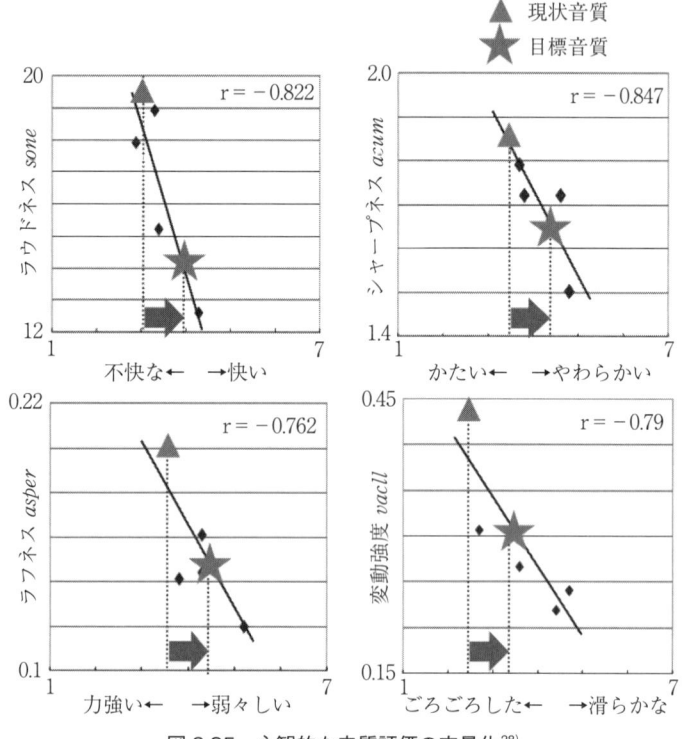

図 3.25　主観的な音質評価の定量化[28]

る．第一因子を耳障り因子，第二因子を美的因子，第三因子を迫力感因子と定める．累積寄与率が3つの因子で80%程度であることから，この3因子でミシンの音質がほぼ説明できている．

また，図 3.25 は横軸に7段階の音質評価の評点，縦軸に心理音響評価尺度をとったもので，音響シミュレーションで作成した5つの異なるミシン提示音のなかで相関係数 r が高かったものである．この場合，ラウドネスとシャープネスは美的因子，ラフネスは迫力感因子，変動強度は耳障り因子を代表している．主観的な音質が，心理音響評価尺度で定量的に表せると，人が介在する音質評価を実施せずに目標音質が数値で定められる．

さらに，ミシン動作音の特徴を示すいくつかの周波数を合成することで，実機の存在しない設計段階で構造変更後の動作音を仮想的に再生することができ，心理音響評価尺度を用いて音質の達成度の評価も可能となる．

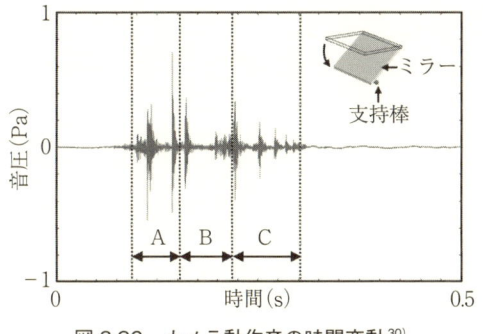

図 3.26 カメラ動作音の時間変動[30]

c. カメラ[30]

　非定常音であるカメラのシャッタ音の快音設計について述べる．カメラ動作音は静粛性が求められる環境ではほぼ無音でよいと思われるが，音も振動も生じないと撮影の確認が難しく，ユーザによっては物足りないという不満の 1 つとなる．デジタルカメラでは，電子的な音を付加して昔ながらのシャッタ音や，携帯電話着信音のように自分好みの音を付加して楽しむことができる．銀塩フィルムの一眼レフカメラは，ファインダとフィルムへの光路を切り換えるミラーの上昇や下降，シャッタの開閉，フィルムの巻き上げなどの動作音が発生する．デジタルの一眼レフカメラでもミラー動作音やシャッタ音は存在している．

　図 3.26 は，複数の部品から発生するカメラ動作音の時間変動の例であり，過渡的に変化する．便宜上 A 部，B 部，C 部に分ける．この一部分だけの音圧を半分に下げたときの動作音と，変更前のオリジナル音とを比較する音質評価を行い，音質に寄与の高い部分を探すと，図 3.27(a) に示すように C 部を下げた場合が最も変化が大きいと感じられる．C 部→A 部→B 部と発生順序を入れ換えた音質評価でも，図 3.27(b) のように C 部の寄与が最も高い傾向がある．C 部は光路を切り換えるミラーが撮影後元の位置に下降する際に支持棒と繰り返し衝突して発生するバウンド音である．同様な現象は車や部屋のドアを閉めたときにも生じ，音響シミュレーションによりバウンド音の継続時間が短く，減衰が早いとしっくりとした落ち着きが感じられることがわかっている．これを目標音質に決める．

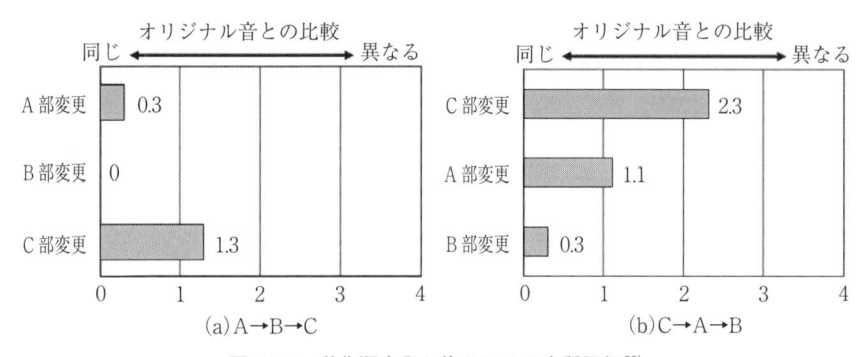

図 3.27 動作順序入れ換えによる音質評価[30]

(a) A→B→C

- A部変更: 0.3
- B部変更: 0
- C部変更: 1.3

(b) C→A→B

- C部変更: 2.3
- A部変更: 1.1
- B部変更: 0.3

オリジナル音との比較（同じ ← → 異なる）

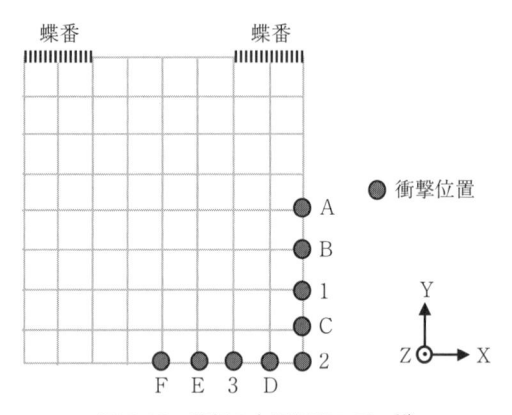

図 3.28 薄板の有限要素モデル[30]

ここでシャッタの制約から支持棒が光路を遮らない位置で衝撃位置を変えることを考案する．まず，薄板の有限要素モデルを作成し，機構解析から各衝撃位置で支持棒に発生する衝撃力を求める．次に，その衝撃力で発生する薄板の振動速度を振動解析より求める．さらに，ここで求めた薄板の振動速度と，法線方向の音場粒子速度を等しいとして，音響境界要素法より各衝撃位置でのバウンド音を予測する．

図 3.28 に示す薄板の有限要素モデルは，ヤング率 $7E+10\,\mathrm{N/m}$，密度 $2698\,\mathrm{kg/m^3}$，ポアソン比 0.3，要素数 64，節点数 81 とし，蝶番がある箇所に X 軸

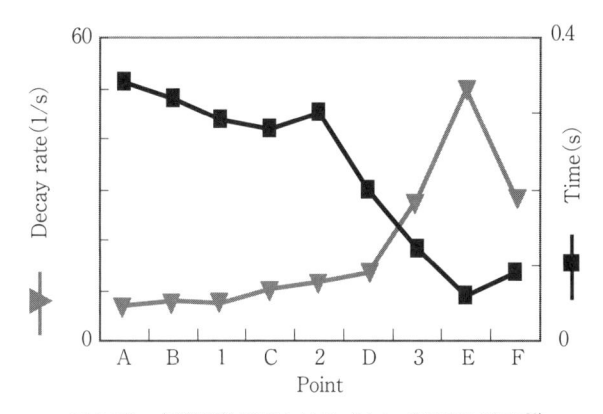

図 3.29 各衝撃位置におけるバウンド時間と減衰[30]

　周りのみ回転できる回転条件を与え，その他の回転および並進はすべて拘束とする．システムの動特性を示す伝達関数を実験と解析で比較すると，解析ではモデル化していないがたつきなどによる誤差はみられたが，両者はほぼ一致している．

　この有限要素モデルのバウンド現象を機構解析で解析し，各衝撃位置での衝撃力を求める．バウンド現象は，2つの物体の衝突でその間に絶対値の等しい反対方向に働く衝撃力が生じる．機構解析では，2つの物体の接触をばねで表現し，ばね定数，ばね定数の非線形性を示すばね定数に対する指数，および粘性減衰係数を用いてバウンド現象を定める．ポイント1における第1衝撃力を基準として，各パラメータを調整し，実験と解析でほぼ同様の傾向を示すモデリングを行うと，衝撃位置によりバウンド時間や減衰の変化が確認できる．

　各衝撃位置におけるバウンド音のバウンド時間と減衰率の関係を図 3.29 に示す．衝撃位置が蝶番の回転軸から離れ，さらに板の中心に近い点では，比較的バウンド時間が短く，かつ減衰がはやい目標音質のバウンド音が発生すると予測される．特にポイント E は，最も心地よいバウンド音を発生する衝撃位置と予測される．

　これより，板モデルを用いた衝撃位置の差異によるバウンド音を図 3.30 に示す．カメラミラー衝撃位置を当初のポイント1よりポイント E に変更する

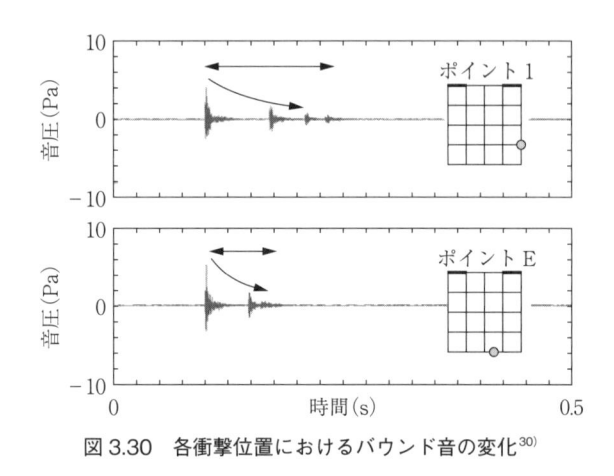

図 3.30　各衝撃位置におけるバウンド音の変化[30]

ことで，目標音質に変更できている．

d. 掃除機[31]

　掃除機の動作音を図 3.31 に示す．吸込音など気流の乱れによる広帯域の周波数音と，モータやファンから発生する音圧の大きい特定の周波数音が含まれている．この掃除機では 1 秒間に 600 回転のモータに 8 枚羽根がついているので，その積の 4800 Hz やその 2 倍音の 9600 Hz に羽根通過周波数音のスペクトラムが顕著に生じる．また，350 Hz を中心として音圧変動を伴うピーク音もある．

　そこで，各ピーク音が音質に与える影響を調べ，ピーク音のバランスを考慮した音質評価を行い，効果的な音質改善の指標を提示する．ピーク音を広帯域の周波数音のレベルまでノッチフィルタ（特定の帯域を減衰させるフィルタ）で低減し，一対比較法により 37 名で評価を行い各ピークの影響を調べると，9600 Hz，4800 Hz，350 Hz の順に音質改善効果が高く，350 Hz は 4800 Hz のピーク音を和らげる傾向がみられる．4800 Hz と 9600 Hz を低減すると，当初の全周波数域を約 −3 dB 相当低減した効果があるのでこれを目標音質とする．

　羽根通過周波数音の伝播径路は，モータ内のファンを音源として，モータ振動の筐体外壁への固体伝播とモータ放射音の透過に分けられるが，前者の寄与は小さく，後者が主要因である．そのため，特定周波数を選択的に吸音するヘ

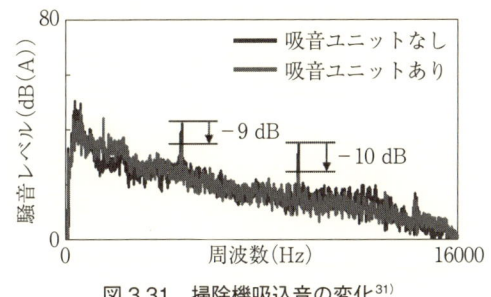

図 3.31　掃除機吸込音の変化[31]

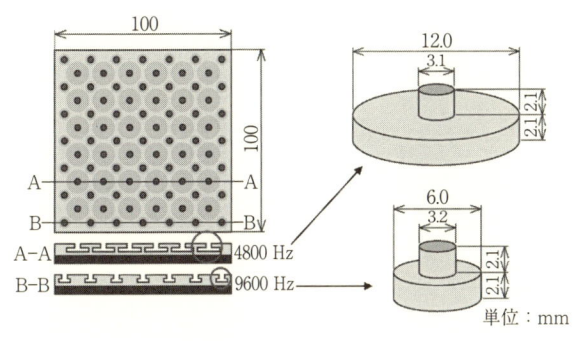

図 3.32　吸音ユニット[31]

ルムホルツ共鳴器を有する吸音ユニットを開発した(図 3.32). 6 mm 厚の板内部に2つのピーク音に調整したヘルムホルツ共鳴器をもつ構造で,掃除機内のモータを取り囲む5面と流路に吸音ユニットを配置する. 図 3.31 に示すように 4800 Hz で 9 dB, 9600 Hz で 10 dB の低減効果が得られ,ほぼ目標音質を実現できている.

e.　エアコン室外機[32]

　エアコン室外機は,主にファン,熱交換器,冷媒を圧縮するコンプレッサとそれに接続した細い配管からなる. ファン音は図 3.33 のように広帯域の周波数を含み,コンプレッサと配管音は図 3.34 のように特定の周波数成分が顕著に現れる. 特定の周波数の音圧が高いのは気になりやすい音質で,その音圧を下げると快音と感じられる. 逆に,広帯域の周波数は気になりにくい音質であ

図 3.33 ファン音[32]

図 3.34 コンプレッサ配管音[32]

― コンプレッサ配管音のみ
--- +ファン音(1/2倍)
　　+ファン音(原音)
　　+ファン音(2倍)

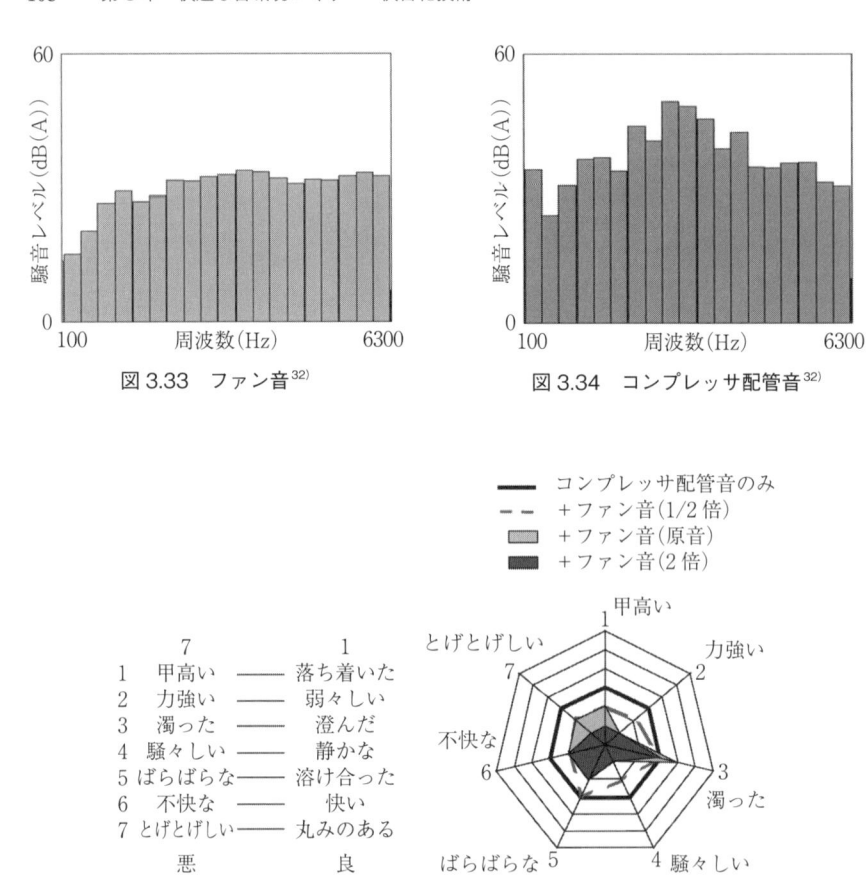

7　　　　　　　1
1　甲高い　―― 落ち着いた
2　力強い　―― 弱々しい
3　濁った　―― 澄んだ
4　騒々しい ―― 静かな
5　ばらばらな――溶け合った
6　不快な　―― 快い
7　とげとげしい――丸みのある
　　　悪　　　　　　良

図 3.35　ファン音増減時のコンプレッサ配管音の音質評価[32]

るため，たとえ音圧が大きくなっても，それほど不快とは感じられない．

　図 3.35 はコンプレッサ配管音について考察したものである．音響シミュレーションにおいては配管音は現状のままとし，ファン音のみ増減した際の音質評価の結果である．レーダチャートの内側へ入るほどよい音質として表示している．これより，コンプレッサ配管音のみを示す太い実線より，グレーで示す通常のファン音を含む場合の方がよい音質と判断され，黒で示すように現状のファン音を2倍にした場合においても，全体の音圧は大きくなるにもかかわらず，さらによい音質と判断される．これは，コンプレッサ配管音がファン音に

隠れて聞こえにくくなるマスキング効果で快音化されたためである．

このように，全体の動作音の大きさを下げる低騒音化だけでは，必ずしも心地よい音になるとは限らず，音圧のバランスを考慮した快音設計が重要といえる．

3.3 シミュレーションの利用

快音設計の過程において，音響シミュレーションがどのように使われているかを述べる．

快音設計では，まず感性を考慮した定量的な音質評価に基づき，その機器が存在する音環境下で適切な目標音質を設定する．ここで，音質評価はSD法や一対比較法による主観的な評価，時間や周波数特性を加味した心理音響評価尺度による定量化，さらに生体情報に基づく客観的な評価が行われる．目標音質の設定には，騒音が問題となった音源，または設計段階において仮想的に音響再生した音源を図3.6に示した音響シミュレーションで音質を変更し試聴により聞き比べる．この時点では音質変更が信号処理のみなので自由度が高く，設計者や目標とする母集団のユーザに評価してもらうことが可能なため，適切な目標音質が設定できる．

3.3.1 人の感性を考慮した快音化

自動車，家電製品などは，その基本性能が年々向上しており，人が快適に使用できる付加価値に主眼がおかれている．動作音を改善して快適な音環境を実現するためには，低騒音化だけでなく，その音質の改善，すなわち快音化が求められている．快音設計は高い技術が要求されるが，人の感性を考慮することが重要である．

快音設計を効率よく行うためには，設計の早い段階でコンピュータを利用したシミュレーション (Computer Aided Engineering, CAE) を行う必要がある[33]．また，動作音の予測とともに，それを設計者やユーザが事前に体感して主観的に評価し，さらに改善することで快適性を増すことができる．

シミュレーションでは，まず設計するシステムの適切なモデル化と，そのシステムにどのような力が作用するかを推定することが必要である．設計はコン

ピュータ支援設計(Computer Aided Design, CAD)で行われるが,ここで,設計図面をそのまま用いたシステムの詳細なモデル化や,動作音を発生する力を厳密に推定することは,労力を有するばかりでなく,現象の本質を見失う危険性もある.

そこで,実際には既存の製品の実験データを活用したり,実験と解析を統合したハイブリッド解析による適切なモデル化が有効な手段となる.自動車の場合,車体のシステムモデルが構築できると,振動解析から振動挙動を予測し,その振動から動作音が予測できる.また,車室内の空間のシステムモデルを構築して,音響解析から共鳴する周波数や動作音が算出できる.

一方,これらの動作音を音質評価するために,適切な可変周波数フィルタリングにより,音圧のバランスや周波数特性を変更して,目標とする音質を決定する.最後に,質量や剛性などの設計変数に対して,目標音質に効率的に近づけるシミュレーションから快音設計が実現できる.

3.3.2 バーチャルサウンドカー環境[4]

自動車の疲労強度や衝突安全など製品の基本性能に対しては,各種シミュレーション技術が開発され設計に活かされている.付加価値として重要な音質に対しても,音響シミュレーションが利用されているが,動作音はいろいろな要因から生じるので,全てを完全に予測することは難しいのが現状である.しかし,万人が評価できる音質を加味して感性に訴えるものづくりが重要となっている.

実際に走行しないで自動車やバイクの運転音を再生するためには,音響シミュレーションを駆使したバーチャルサウンドカーが用いられている.バーチャルサウンドカーは,実際の開発現場での音創りにも貢献している.

車内音では,車室内の吸音性や遮音性などの特性評価が,乗車者相互での会話の明瞭度の評価,オーディオ設計に必要な音環境の再現に使用されている.車外音では,排気音の音質評価や,複数台の道路走行音を模擬することで,交通騒音の予測にも使用できる.

バーチャルサウンドカーを実現するには,自動車の主な音源を用意する必要がある.エンジン音,ギア音,吸気音,排気音などから,タイヤと路面の接地から発生するトレッド音や摩擦音,高速走行時に顕著となるボディの風切り音

など走行状態を考慮して決める必要がある.

さらに,実走行では,自車で生じている音ばかりでなく,他車からの放射音の影響,天井や窓ガラスに当たる雨音や,水溜り通過時に床下や側面に水が撥ねる水撥音(スプラッシュ音)などもある.

バーチャルサウンドカーをさらに発展させたものに,ある車に乗ったときに走行状態を考慮して車載スピーカから違う車種の音を再生する能動音響制御(Active Sound Control, ASC)技術がある.この技術により,エンジン回転数などを乗車している車からモニタすることで運転状態と同期させ,音だけを乗せかえることができる.例えば,小型・軽量でエコノミーな軽自動車に乗っている場合でも,全く異なるスポーツカーサウンドが楽しめる.

3.3.3 幻の鐘の音色を聴く[4]

装置あるいは製品の快音設計ではないが,音響シミュレーションを駆使して,完成してない大聖堂の鐘,例えばサグラダ・ファミリアの鐘の音を聞くことが可能である.

スペインのバルセロナにあるサグラダ・ファミリア教会は,およそ100年前に着工し現在も建築中で,完成には今後数十年以上かかるといわれている.

この教会は,鐘を吊る鐘塔であるとの説があるが,鐘に関する資料は少なく,建物も完成していない今日では,建築家ガウディが実験用に試作した1つの鐘が存在しているにすぎない.この幻の鐘の形状はチューブラベルとよばれる細長い筒状の鐘と,西洋の教会に見られるカリヨンのような裾拡がりの鐘が融合したものと考えられている.

そこで,音響シミュレーションを駆使して「この形状が音色にどのような影響を与えるか」また,「この幻の鐘から,未来にどのような音が奏でられるか」の2つの謎を解き明かす試みがなされた.

鐘の形状の特徴から,筒型の部分の長さを変化させることで音階が調節でき,裾拡がりの部分はどの音階に対しても同じような音を放射すると予測されている.幻の鐘は,チューブラベルの音階と,カリヨンの統一感のある音色のハーモニーを奏でるはずである.

ガウディには多数の鐘を鐘塔に吊る構想があったが,チューブラベルは1つの鋳型から何本かの複製を生産でき1オクターブ程度の音階が出せる合理的な

形状でもある．音色を決定する鐘の振動を調べると，同一の形状においても，鐘を吊るす位置，打撃位置，打撃するハンマーの重量や材質などを変更させることで音色が変化する未確定な要素が多くある．

構造物の振動状態から放射音を予測する技術を用いて，幻の鐘が未来に奏でる音色が予測できる．形状から予測される複数の音色を調整し，鐘塔内の残響などを考慮してサグラダ・ファミリア教会の完成後にしか聞くことのできない楽曲が，音響シミュレーションで実現できる．

鐘塔と鐘の音響的な関係や，遠くまで聞こえる形状，快適な音色を奏でる形状など，研究の余地は十分にある．

文献

1) 戸井武司："快音設計のススメとその手順"，機械設計，**48**(2), pp. 36-45, 2004.
2) E. Zwicker, H. Fastl : *Psycho-acoustics, Facts and Models*, Berlin, Springer-Verlag(1990).
3) 難波精一郎，桑野園子：音の評価のための心理学的測定法，コロナ社(1998).
4) 戸井武司：トコトンやさしい音の本，日刊工業新聞社(2004).
5) 諸永裕一："感性価値創造イニシアティブ"，2008年春季大会フォーラム，自動車技術会，20084480, 2008.
6) 戸井武司："自動車の音色創りと快音設計の動向"，自動車技術，**60**(4)pp. 12-17, 2006.
7) F. Penne : "Shaping the sound of the next-generation BMW", *Proc. of ISMA2004*, pp. 25-39, 2004.
8) 田中基八郎，戸井武司，佐藤太一：静音化＆快音化 設計技術ハンドブック，三松(2012).
9) 自動車技術ハンドブック，〈第1分冊〉基礎・理論編，8.10音質評価，自動車技術会，pp. 437-440, 2004.
10) 渡邊泰英，浅原康之，勒浣豪，戸井武司："視覚情報および運転動作による快適なEV車室内音の印象変化に関する研究"，音響学会講演論文集，pp. 977-978, 2011.
11) 有光哲彦，中村朋矩，勒浣豪，戸井武司："生体情報に基づくドア色彩変化時のノック音の印象把握"，音響学会講演論文集，pp. 965-966, 2011.
12) 前田修ほか："音質評価のための音再生装置と簡易校正装置"，自動車技術会振動騒音フォーラムテキスト，20044458, pp. 23-27, 2004.
13) 戸井武司ほか："音質評価の国際比較に対する考察"，自動車技術会振動騒音フォーラムテキスト，20044460, pp 33-39, 2004.
14) 村上和朋，石川眞生，立川弘，大塚荘太，星野博之，渋谷広彦，八鍬喜規，前田　修，桂直之，関根道昭，吉田拓人，戸井武司："生体情報による音質評価"，2006年春季大会振動騒音・音質フォーラムテキスト，自動車技術会，20064394, pp. 31-35, 2006.
15) 石井康夫ほか："生体反応――脳波を用いたロードノイズの感性評価"，Honda Technical Review, **14**(2), 2002.

16) 山口雅夫, 白方翔, 大久保信行, 戸井武司："複数音源を有する精密情報機器における周期音の音質評価", 音響学会講演論文集, pp. 399-400, 2007.
17) 白方翔, 山口雅夫, 大久保信行, 戸井武司："複数音源を有する精密情報機器における周期音のリズム感評価", 音響学会講演論文集, pp. 397-398, 2007.
18) 白方翔, 山口雅夫, 戸井武司："複数音源を有する精密情報機器の音響シミュレーションを用いた快音設計", 音響学会講演論文集, pp. 521-522, 2008.
19) 山口雅夫, 白方翔, 戸井武司："複数音源を有する精密情報機器の音質安定化手法の開発", 音講論, pp. 523-524, 2008.
20) 戸井武司："音環境に機能性を有するスマートサウンドスペース", 騒音制御工学会講演論文集, pp. 61-64, 2011.
21) 里見雅行, 仲井渉, 久保谷寛行, 戸井武司："車室内定常走行音によるドライバの覚醒維持効果に関する研究", 63-10, 自動車技術会学術講演会前刷集, 20105393, pp. 15-18, 2010.
22) 里見雅行, 曹浣豪, 仲井渉, 久保谷寛行, 戸井武司："好みの音楽が覚醒音の覚醒水準維持効果に及ぼす影響", 音響学会講演論文集, pp. 1095-1098, 2011.
23) 久保谷寛行, 仲井渉, 里見雅行, 曹浣豪, 戸井武司："車室内走行音を用いたドライバ覚醒維持に関する検討", 騒音制御工学会講演論文集, pp. 81-84, 2011.
24) 曹浣豪, 戸井武司："車室内の多領域音場制御, 06-11, 自動車技術会シンポジウム, 20114809, pp. 60-65, 2011.
25) 山口雅夫, 関口卓也, 曹浣豪, 戸井武司："生体情報を用いた家電製品稼動音の聞き慣れ評価手法の基礎研究", 音響学会講演論文集, pp. 1099-1100, 2011.
26) 里見雅行, 山口雅夫, 曹浣豪, 戸井武司："車室内定常走行音の聞き慣れ評価手法の研究", 音響学会講演論文集, pp. 1101-1104, 2011.
27) T. Toi, Y. Nagashima and N. Okubo : "Sound Quality Evaluation of Transient Sound and Its Improvement by Structural Modification", Proc. 21st Int. Seminar on Modal Analysis, pp. 1413-1422, 1996.
28) 多喜健司, 他："家庭用ミシンの音質評価と音源探査", 音響学会講演論文集, pp. 745-746, 2001.
29) 多喜健司, 他："ミシンの音質評価に基づく音質改善手法の開発", 音響学会講演論文集, pp. 753-754, 2002.
30) 戸井武司, 風早聡志："機構設計によるカメラシャッタ作動音の音質改善", 音響学会誌 58(7), pp. 406-413, 2002.
31) 柏木隆宏, 他："音質評価に基づく掃除機の音質改善手法の開発", 音響学会講演論文集, pp. 979-980, 2003.
32) 堀川敦ほか："空調室外機の音質設計手法の開発", 音響学会講演論文集, pp. 755-756, 2002.
33) 戸井武司, "快適な音環境実現のためのシミュレーション技術", 自動車技術, 57(7) 20034412, pp. 104-108, 2003.

第 4 章

受動・能動制御技術の基礎

第 1 章では音,振動の基本的性質,第 2,3 章では音,振動にかかわる問題と処理の例を紹介した.本章ではその背景にある原理を少し詳しく解説する.

4.1 波の干渉

4.1.1 平面波における消去

まず,1 次元の問題から考える.すなわち 2 つの平面波の干渉,例えばダクト内を伝わる 2 つの波の干渉である.図 4.1 がそれである.$x=0$ に騒音源(呼吸源,モノポール),もう 1 つの波源が $x=L$ にあり,それぞれ左右両方向に伝わる波の干渉を考える[2].

騒音源 q_p(体積速度)による音圧波は

$$p_p = \frac{\rho c}{2S} q_p e^{-jkx} \tag{4.1}*1$$

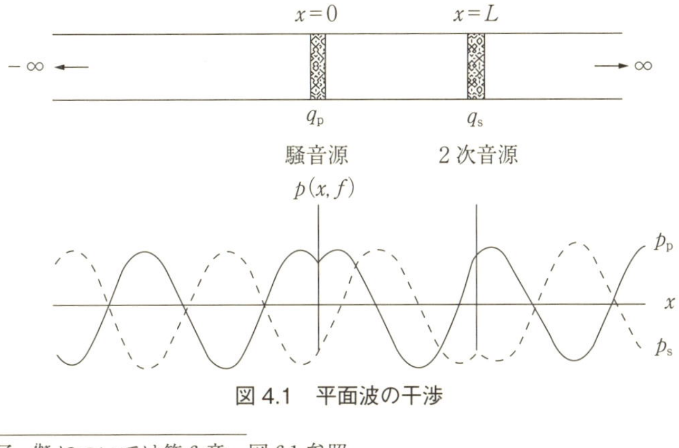

図 4.1 平面波の干渉

---

*1 回転子 e^{jkx} については第 6 章,図 6.1 参照

で表される．ここにρcは媒質(空気)の特性インピーダンス(ρは空気の密度，cは音速)，Sはダクトの断面積，$k(=2\pi/\lambda, \lambda$は波長)は波数，$j=\sqrt{-1}$である．また，$x=L$にある2次波源q_sによる音圧波は

$$p_s = \frac{\rho c}{2S} q_s e^{-jk(x-L)} \tag{4.2}$$

で与えられる．

q_pとq_sが

$$q_s = -q_p e^{-jkL} \tag{4.3}$$

を満たすようにq_sをコピーすることができれば重畳された音圧は，右に伝わる波($x \leq L$)については

$$p = p_p + p_s = \frac{\rho c}{2S} q_p (e^{-jkx} - e^{-jk(x-2L)}) \tag{4.4}$$

左に伝わる波($x \leq 0$)については

$$p = \frac{\rho c}{2S} q_p (e^{jkx} - e^{jk(x-2L)}) \tag{4.5}$$

と表すことができる．図4.1の下に示した波の例からわかるように$0 \leq x \leq L$を除いてはダクト内部で2つの波の音圧が完全に消去されることがわかる．このときのLの長さは

$$kL = n\pi \quad (n\text{は整数}) \tag{4.6}$$

を満たせばよい．

これが重ね合せによる消音の原理である．

4.1.2 指向性の制御

音源が高調波を多く含み波形が複雑な場合[*2]，またノイズのように連続性がないような場合には，コピー波を作るのが難しい．そのため，上のような原理で完全な消音をするのは容易ではない．

そこで考えられるもう1つの方法は，消去するのではなく，波の干渉により騒音の方向を転換(避難をもじれば避音)させて，必要とされる領域で騒音の低減を図る方法である．点音源q(体積速度)から距離r離れた地点での音圧p_rは

[*2] フーリエによればどのように複雑な波も，基本となる正弦波とその整数倍の振動数(周波数)の波と重ね合せから構成することができる．

4.1 波の干渉

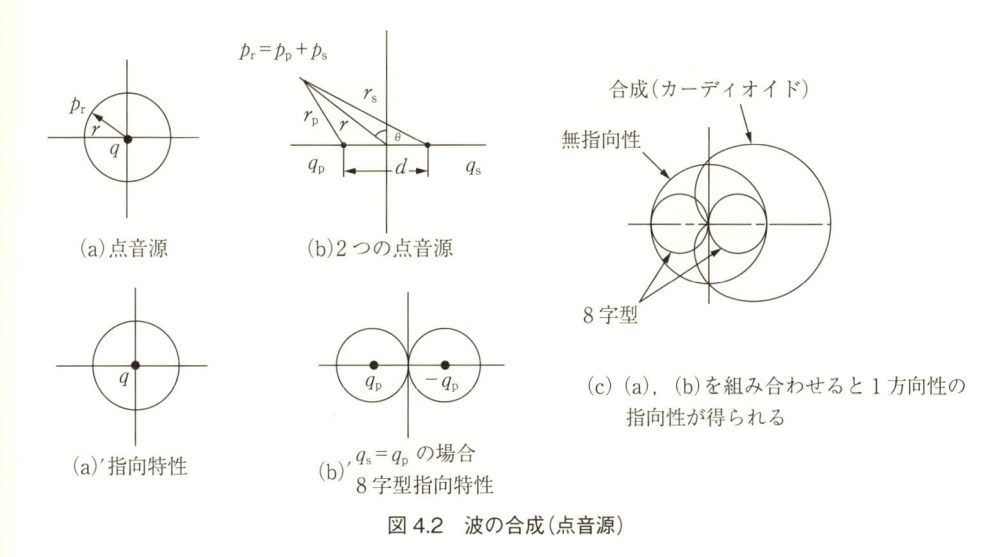

(a) 点音源

(b) 2つの点音源 $p_r = p_p + p_s$

(c) (a), (b)を組み合わせると1方向性の指向性が得られる

合成(カーディオイド)
無指向性
8字型

(a)′ 指向特性

(b)′ $q_s = q_p$ の場合 8字型指向特性

図 4.2 波の合成(点音源)

$$p_r = \frac{j\omega\rho q}{4\pi r} e^{-jkr} \tag{4.7}$$

で与えられる。ここで $j=\sqrt{-1}$, ω は角周波数, ρ は媒質密度(空気), $k(=2\pi/\lambda$, λ は波長) は波数である。

それを図 4.2(a)に示す。指向特性は図(a)′のように音はあらゆる方向に広がり、無指向性である。この音源を図(b)のように2つ並置した場合を考える。q_p, q_s が同相であれば、音圧は当然増強される。ところが例えば逆相であれば($q_p = -q_s = q$)、音圧は

$$p_r \fallingdotseq j\omega\rho \frac{d\cos\theta}{4\pi r^2} q e^{-kr} \tag{4.8}$$

で与えられ、指向特性は図(b)′のように8字形になる。このように大きさ、位相の異なる音源を組み合せることによって、指向特性を変えることができる。例えば(a)′, (b)′を組み合せれば、図(c)のような単一指向性にすることもできる。この特性はカーディオイドとよばれ単一指向性マイクなどに利用されている。ここで指向性とは、距離 r が十分遠い位置での応答特性のことである。

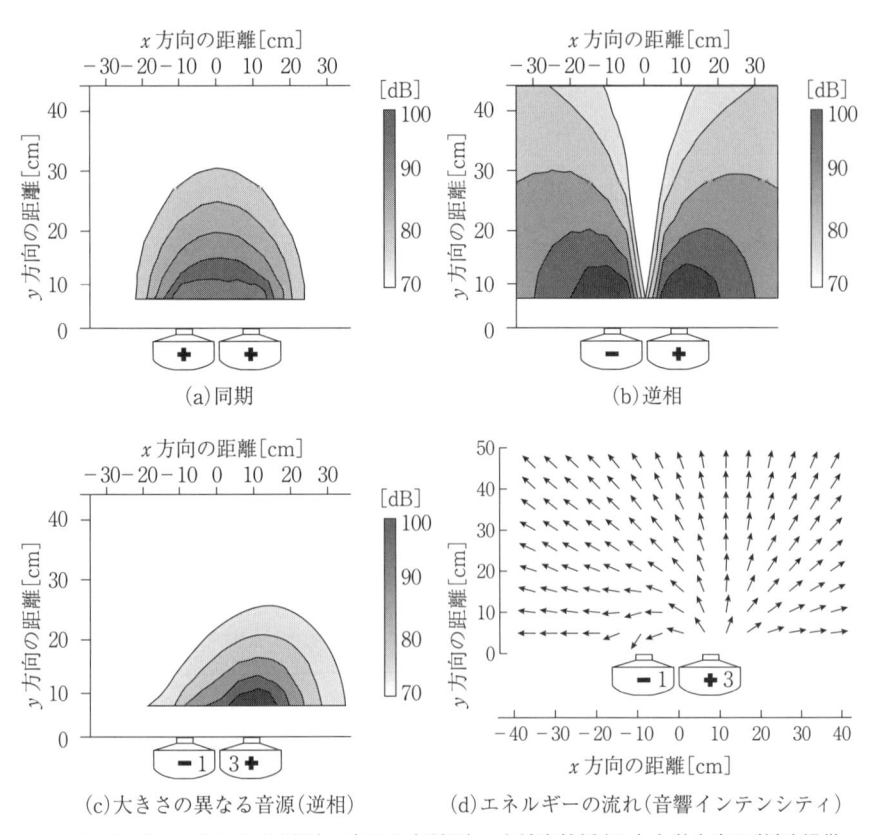

図4.3 スピーカ音の合成(実験,音圧分布断面)—山崎憲教授(日本大学生産工学部)提供

(a) 同期
(b) 逆相
(c) 大きさの異なる音源(逆相)
(d) エネルギーの流れ(音響インテンシティ)

図4.3に2つのスピーカ音の干渉の実験例を示す．音源はホーンスピーカのホーンをはずしたドライバーユニットを並置したものである．図(a)は同相の場合で，スピーカ前面の音圧分布である．指向性はやや前方向についている．図(b)は逆相にしたもので，中心軸にそって音圧は打ち消しあい音圧の非常に低い領域がある．図(c)は一方の音源の強さを3倍にした場合で，指向性は右前方向にシフトしている．図(d)は音圧と粒子速度との積，パワーの時間積分(エネルギー)を矢印で示したもので音響インテンシティとよばれ，その実部はエネルギーの流れ，虚部は空間に蓄えられるエネルギーに対応している．なお粒子速度は音圧の傾斜に比例するので，近接2点間の音圧の差を測れば求めることができる．エネルギーの一部が逆位相側の音源に吸い込まれていくこ

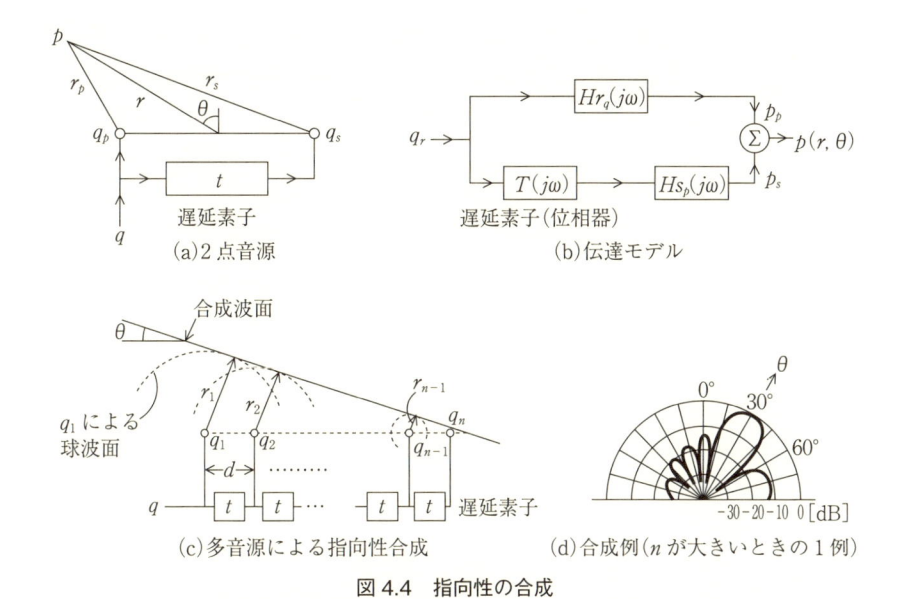

図4.4 指向性の合成
(a) 2点音源
(b) 伝達モデル
(c) 多音源による指向性合成
(d) 合成例(nが大きいときの1例)

とがわかる．これは能動消音の原理を示唆している．これらの様子は当然，波長，2つの音源間の距離により異なる．

図4.4は指向性合成について示したもので，図(a)は図4.2(b)と同一である．ただし，これはq_sの位相をq_pに対して位相反転($q_s = -q_p$)した場合に相当する．空間での伝播についても伝達関数(振幅，位相表現)を使えば，図(b)のようなブロック図で表わすことができる．ここで遅延素子は時間遅れ作用(t)をもつものであるが，これはまた位相遅延作用(T)を生じることに等価である．図4.4(c)は多音源の直線配列による指向性合成の例である．同じ強さの多数の点音源$q_1, q_2 \cdots q_n$が距離dだけ離れて1列に並んでいる．音源は右に行くにつれてtだけ時間が遅れて放射される．そのため，q_1からの球波面の半径は，q_{n-1}が作る半径のn倍になる．したがって，tやdを適切に選べば，合成波面が傾きθをもった直線となるようにすることができる．

したがって各音源から波面までの距離と各音源間の距離とを適切に選べば，放射角θは，図を参考にして

$$\theta = \sin^{-1} \frac{r_{n-1}}{d} \tag{4.9}$$

となる．このとき遅延時間 t は音波が距離 d を伝わるに要する時間 $t=d/c$ である．このような構成によってかなり自由な指向性の合成制御が可能であることがわかる．すなわち騒音の方向を目的地から避ける方向へシフトすることが期待できるのである．位相の回りは波長に関係するので，この場合の距離を波長を基準にして測った距離ということにすれば，この距離が同じときに同じ特性となる[*3]．ただし上の構成で波長(周波数)，遅延時間(位相)が異なれば，指向特性は変わるので，広い周波数領域に対して目的を満たすように制御をすることは容易ではない．指向特性の例を図(d)に示す．

a. 音響インテンシティ[2)]

音響インテンシティ I は音波の伝搬に伴って空間を通過するパワー密度のことである．

したがって

$$I=\frac{1}{T}\int_{-\frac{T}{2}}^{\frac{T}{2}}p(t)q(t)\mathrm{d}t=\frac{1}{2}\overline{p(t)q(t)}$$

パワーは音圧 p と粒子速度 q の積で与えられる．T は一周期の時間で，上付のバーは時間平均を表す．

ちなみに平面波の場合は

$$I=\frac{1}{2}\frac{|p|^2}{\rho c} \quad (\rho c \text{ は音響インピーダンス})$$

p, q はそれぞれベクトル量(複素数)であるから

$$p=p_R+jp_I \qquad q=q_R+jq_I$$

とおくとその複素共役は

$$p^*=p_R-jp_I \qquad q^*=q_R-jq_I$$

となり

$$I=\frac{1}{2}R_e\{p^*q\}=\frac{1}{2}R_e\{pq^*\}$$

で与えられる．

音圧 p は圧力マイクにより計測される．粒子速度は p の傾斜(方向微分)に比例するので，小さな距離 Δl だけ離れた2つのマイクの圧力差から求められる．

[*3] 波長 λ と周波数の関係は，c を音速とすれば，$f=c/\lambda$ で与えられる．

すなわち

$$I = \frac{(\bar{p}_1+\bar{p}_2)}{2}\frac{(\bar{p}_1-\bar{p}_2)}{\Delta l} = \frac{1}{2}\frac{\bar{p}_1{}^2-\bar{p}_2{}^2}{\Delta l} = I_R + jI_I$$

これは複素量で，実部はエネルギーの流れ，虚部は空間に蓄えられるエネルギーに対応する．

b. 放射インピーダンス

音圧 p が加わった地点に粒子速度 v が生じ，それが p に比例する場合(あるいはその逆でもよい)，その比 $z=p/v$ はインピーダンスとして定義される．これは非常に有用な概念で，元来は機械工学の分野で導入されたものと聞くが，電気工学の分野で広く使われてきた．現在では，機械系，音響系の場合には，機械インピーダンス，音響インピーダンスとよぶ．インピーダンスの実部は波が伝播して吸収される成分を，虚部は空間に蓄えられるエネルギーの効果を表すものと考えられる．音響は媒質が気体で作用点に広がりをもつことが多いので粒子速度の代わりに面積を乗じた体積速度を使うことも多い．粒子速度というのは波の伝播速度と区別するためである．

質量のないピストン(面積 S)が媒質に抗して運動する場合，ピストンからは音波が放射される．ピストン表面での粒子速度 v によって圧力が p 生じるものとすると，体積速度は $q=vS$ であるから，このとき $Z_r=p/q$ をピストンの放射インピーダンスという．単位面積あたりの p/v をインピーダンス密度ということがある．

平面波に対するインピーダンス密度は $p/v=\omega\rho/k=\rho c$(実数)で与えられる．音波吸収のない媒質でも音波はすべて無限遠点に吸収されると考えられるからである．これは媒質に固有の値でこれを固有インピーダンスという．ここで，ρ は質量密度，c は伝播速度(音速)である．電気伝送線路との類推で，これを特性インピーダンスとよぶことも多い．

4.2 受動制御——電気を使わない従来の方法

前節でみたように，能動制御の効果は低周波数(長波長)領域に限られるようである．これに対して，従来使われてきた種々の技法はどちらかというと高周

波数(短波長)領域で有効である．そこで能動的技法との対比を考える意味でも，これらの技術の概略を述べることは意義があると思われる．ここに一節を設けて解説する．

4.2.1 音の反射と透過

騒音の侵入を防止する最も簡単な方法は壁を設置する方法である．波動には回折効果があるため塀ではなく完全に覆って遮断する必要がある．音の壁からの反射，壁を通過する透過は，空気と壁のもつ音響インピーダンスの比によって決まる．平面波が図 4.5 に示すような厚さ l の壁(音響インピーダンス $Z_2 = \rho_w c_w$)を通過する場合，透過率は

$$T_{13} = \frac{4}{4\cos^2 kl + \left(\dfrac{\rho c}{\rho_w c_w} + \dfrac{\rho_w c_w}{\rho c}\right)^2 \sin^2 kl} \tag{4.10}$$

で与えられる．ここで $Z_1 = Z_3 = \rho c$ は空気のインピーダンス，$k = 2\pi/\lambda$，(λ は壁内の波長)である．一般に壁厚は波長に比べて十分薄いから ($l \ll \lambda/4$)，

$$T_{13} \approx \left(\frac{2\rho c}{\omega M}\right)^2 \tag{4.10}'$$

ここで $M(=\rho_w l)$ は壁の単位面積あたりの質量である．したがって透過損失

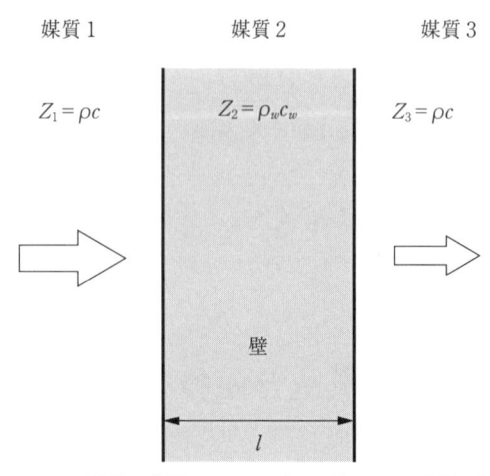

図 4.5 媒質の音響インピーダンス差による透過損失

TL は

$$TL = 10 \log \frac{1}{T_{13}} \quad (\text{dB}) \tag{4.10}''$$

で定義されるから，質量，周波数が高くなるほど大きくなる．

2，3の例について計算してみると表4.1のようになる．

板壁が入射音により全体的に振動をする場合がある．この場合，透過損失は主として壁の質量によって決まり，実験式が

$$TL = 14.3 \log\left(\frac{M}{4.883}\right) + 22.7 \quad (\text{dB}) \tag{4.11}$$

で与えられている[7]．ただし M は $1\,\text{m}^2$ あたりの質量(kg)である．図 4.6 にそれを示す．

大きな遮音効果を得るには大きな質量が必要である(これを質量則とよぶ)．軽薄壁で大きな遮音を要求される場合が多々ある．航空機の胴体などがその例

表 4.1 透過損失の例

	厚さ(cm)	密度(g/cm²)	透過損失(dB)		
			100 Hz	1000 Hz	4000 Hz
鉄板	0.5	8	30	50	61
コンクリート	10	2.3	45	65	77

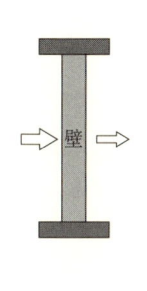

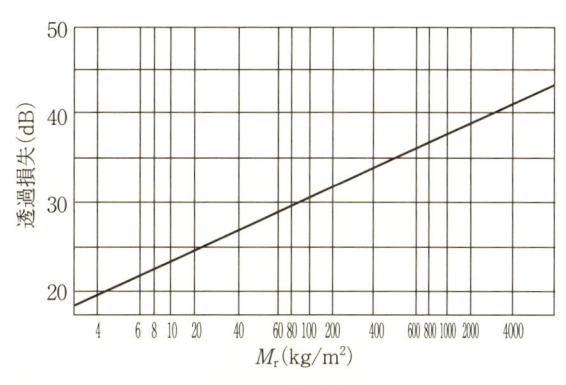

図 4.6　壁の質量による透過損質(質量則)

である．このような分野も能動振動制御が有効に適用される分野であろう．2.2.5項の例はこのような試みの1つと考えることができる．制御のための電子装置が安価に提供されるようになれば，応用分野は一般建築などさらに大きく広がることになるであろう．

4.2.2 吸音材による反射音の低減

室内に進入したあるいは室内で発生した直接音の処理は難しく，2次的に生じる反射音の影響を小さくできるだけである．このような要求のためには内壁に吸音処理を施せばよい．図4.7に示す吸音材の反射率は，平面波に対して

$$R = \left| \frac{Z_a - \rho c}{Z_a + \rho c} \right| \tag{4.12}$$

したがって，吸音率は

$$\alpha = 1 - R^2 \tag{4.13}$$

ここで $Z_a (= r_a + j x_a)$ は吸音材表面から右側をみた音響インピーダンスである．

$Z_a = \rho c$ であれば，当然，$R = 0$, $\alpha = 1$ となる．現実には吸音材の厚みを無限

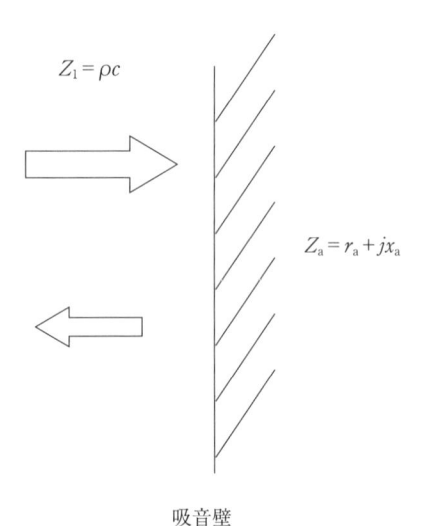

図 4.7 媒質の音響インピーダンス不整合による反射

① 2層構成

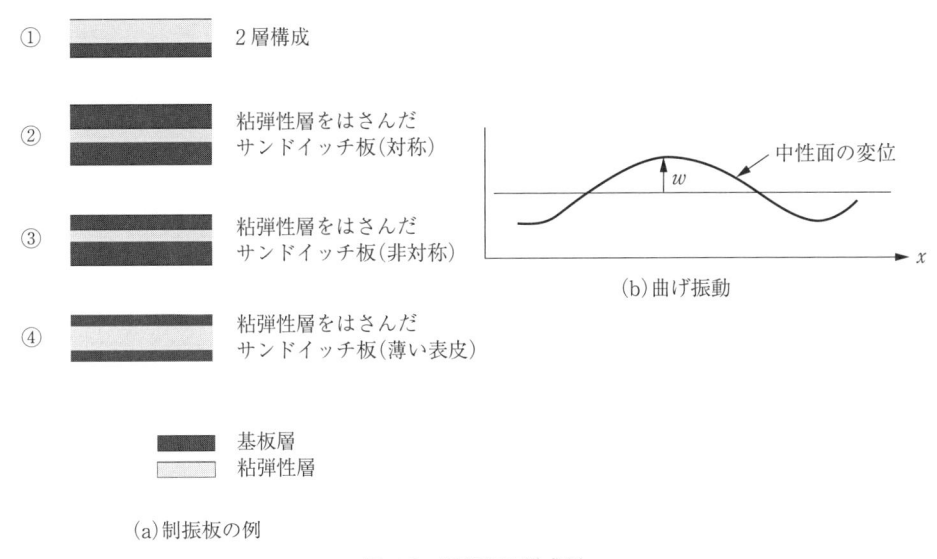

② 粘弾性層をはさんだ
サンドイッチ板(対称)

③ 粘弾性層をはさんだ
サンドイッチ板(非対称)

④ 粘弾性層をはさんだ
サンドイッチ板(薄い表皮)

■ 基板層
▨ 粘弾性層

(a) 制振板の例

(b) 曲げ振動（中性面の変位 w）

図 4.8　制振板の構成例

にはできないため，r_a, x_a の適切な材料を選んで，目的の周波数範囲でできるだけ大きな吸音率を実現しようとする．

この節でいう吸音とは壁面から右側をみた場合であって，窓を開ければ反射はなくなるので全吸音で，吸音率1となる．これは壁を遮蔽壁とみた場合，全透過であるから吸音と透過は全く別ものである．

4.2.3　ダンピング材貼付による板の制振

振動は音の親といえる．音は主として振動から作られるからである．多くの構造材は金属などからなり振動減衰力が小さい．そこで制振の目的でダンピング材を塗布したり貼付したりすることが行われる．図 4.8 はそのような制振板の構成例で，1番簡単なものは①の2層構成であろう．ここではこれについて考察する．このような板を伝播する波について考える．曲げの変位を w とすると

$$w = We^{j\omega t}e^{-\delta t} \tag{4.14}$$

で表される．ここで W は振幅，$e^{j\omega t}$ は波，追加してある $e^{-\delta t}$ は波の減衰を表す．振動の波は時間とともに減衰する．δ は対数減衰率とよばれる．2層構成

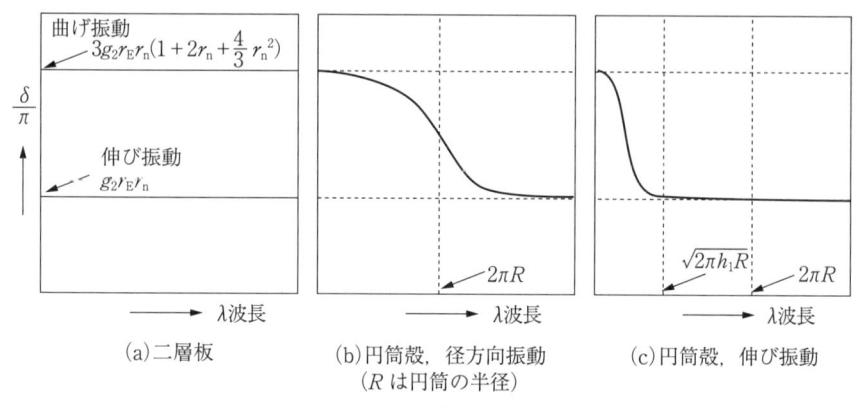

図 4.9 減衰定数の周波数特性

(a) 二層板
(b) 円筒殻, 径方向振動 (R は円筒の半径)
(c) 円筒殻, 伸び振動

の制振についてはオーバースト(H. Oberst)の研究[4]が有名で, 曲げ振動の減衰率は基盤層1の損失が小さいとすれば

$$\frac{\delta}{\pi} \approx 3g_2 r_E r_h \left(1 + 2r_h + \frac{4}{3}r_h^2\right) \tag{4.15}$$

で与えられる.

ここで $r_E = \dfrac{E_2}{E_1}$: 各層のヤング率の比, $r_h = \dfrac{h_2}{h_1}$: 各層の厚さの比, g_2 : ダンピング層のせん断損失である.

伸び振動に対しては

$$\frac{\delta}{\pi} \approx g_2 r_E r_h \tag{4.16}$$

となる. これらは図 4.9(a)にみるように周波数によらず一定である. 大きな減衰のためにはダンピング材の減衰率が大きいだけでなく, ヤング率も大きく, 厚いことが要求される.

面白いのは円筒殻の場合で, いろいろな振動様式(モード)が存在する. その様子を図 4.10 に示す[5]. 多くの場合, 曲げと伸びが結合しているので, 減衰率は, 図 4.9(b), (c)にみるように周波数に依存し曲げ振動での値から伸び振動での値の間を移動する[5~7].

① よじりモード

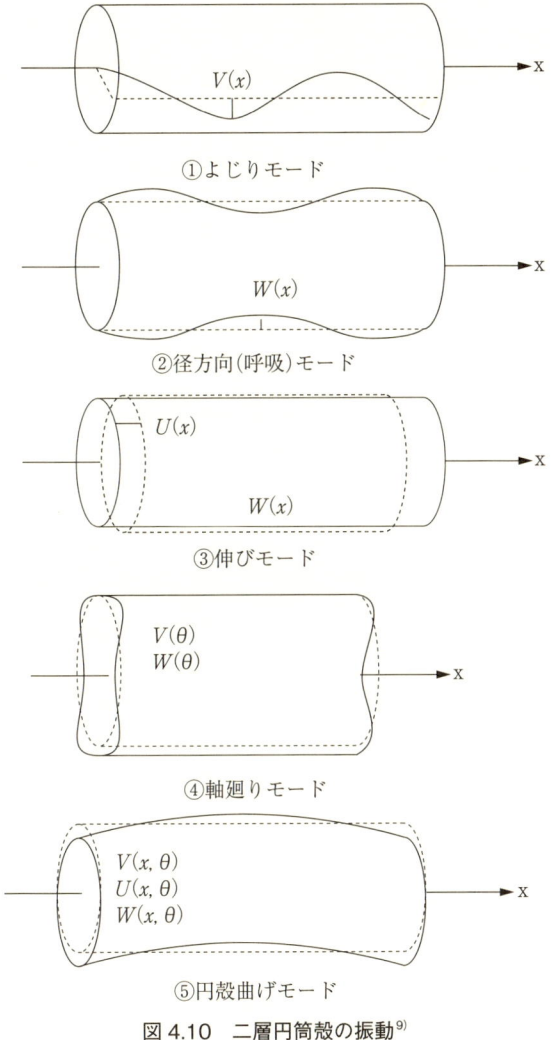

② 径方向(呼吸)モード

③ 伸びモード

④ 軸廻りモード

⑤ 円殻曲げモード

図 4.10　二層円筒殻の振動[9]

4.2.4　振動伝達減衰

ばねやクッションを介して振動伝達を低減させたい場合がある．車の支持系はその代表的な例であろう．図 4.11 (a) に示す簡単なモデルを考える．これは軽量な車輪の上にばねとダンパ(ダッシュポット)を介して車体が載っているよ

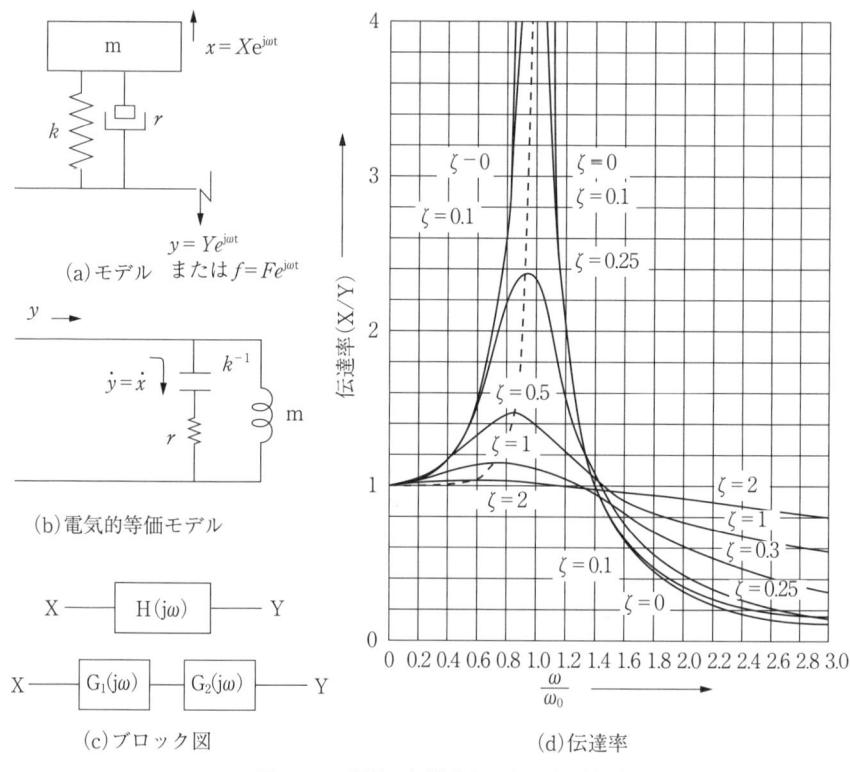

図 4.11 振動の伝達(ダンピングの効果)

うな例である.

基盤が変位 y で駆動され，m に変位 x が生じるとすれば，運動方程式は

$$m\ddot{x}+r(\dot{x}-\dot{y})+k(x-y)=0 \tag{4.17}$$

ここで X, Y を振幅として，$x=Xe^{j\omega t}$, $y=Ye^{j\omega t}$ を代入すれば，伝達率(振幅比)は

$$T_r=\frac{X}{Y}=\frac{\sqrt{1+\left(2\zeta\frac{\omega}{\omega_0}\right)^2}}{\sqrt{\left(1-\frac{\omega}{\omega_0}\right)^2+\left(2\zeta\frac{\omega}{\omega_0}\right)^2}} \tag{4.18}$$

で与えられる．ここで

$$\zeta=\frac{r}{2\omega_0 m}=\frac{1}{Q} \quad (減衰比) \tag{4.19}$$

$\omega_0(=\sqrt{k/m}$, m は質量, k はバネ定数)は系の固有周波数, ζ は減衰比(r は機械抵抗, Q は先鋭度)である.

図4.11(d)に伝達率を示す. $\omega/\omega_0=\sqrt{2}$ 以上の周波数領域で振動伝達が減少することがわかる[8,9,10].

式(4.18)は1つの伝達関数として捉えることができる. 式(4.17)を書き直すと

$$m\ddot{x} + r\dot{x} + kx - r\dot{y} - ky = 0 \tag{4.20}$$

$x = Xe^{st}$, $y = Ye^{st}$ とおく, あるいはラプラス変換をとると

$$X(s) - G_1(s)G_2(s)Y(s) = 0 \tag{4.21}$$

と書くことができる. ここで伝達率は m に関する駆動点系と r, k に関する伝達系に分けて書いている(5.3節での便宜も考えて). よって

$$H(s) = \frac{Y(s)}{X(s)} = G_1(s)G_2(s) \tag{4.22}$$

$s = j\omega$ とおけば, これは式(5.15)と同じものである. ブロック図を図4.11(c)に示す.

4.3 類推と等価回路

4.3.1 単振動系

電気工学を専攻した多くの技術者が音響・振動技術の分野に関わっている. これは, 隣接する領域にまたがる電気音響とよばれる応用分野が派生したことによる. 電気系と音響振動系を結ぶ類推と等価の対応が導入され, その取り扱いが著しく容易になった. 対象としている物体の大きさや領域が波や振動の波長に対して十分小さいと考えられる場合には, 位置による変化が小さいので, 対象や現象を質点系モデル/集中定数モデルとして取り扱うことができる. 電磁波系では伝播速度が速いのでこの条件は一層当てはまる. 図4.12に示すのはそのような1自由度共振系で, 図(a)は機械振動系である. この運動(振動)を質点 m について記述すると, 振動速度を $v = dy/dt$ とすれば, 運動方程式は

$$f = rv + m\frac{dv}{dt} + k\int v dt \tag{4.23}$$

変化が正弦的であるとして $f = Fe^{j\omega t}$, $v = Ve^{j\omega t}$ を代入すれば,

$$F = \left(r + j\omega m - j\frac{k}{\omega}\right)V \tag{4.24}$$

ここで，F，V は f，v の振幅である[11~14]．

図(b)の電気系は，交流回路計算法にならえば，素子に生じる逆起電力の和が駆動電圧に等しいから

$$F = ZV \tag{4.24)'}$$

が得られる．これは式(4.24)と同一である．Z はインピーダンスで

$$Z = r + j\omega m - j\frac{1}{\omega C} \quad (\text{ただし，} C = k^{-1}) \tag{4.25}$$

ここではインピーダンス $Z = F/V$ を定義したが，その逆数，アドミタンス（あるいはモビリティ）$Y = V/F = Z^{-1}$ を定義することもできる．

図(c)は音響系で，ヘルムホルツ共鳴器である．口の部分の小空間の空気栓が一体となって運動することを考え，内部空洞が圧縮される空気ばねと考えると，これは図(a)と同じモデルで等価的に表せることがわかる．ただ共鳴器が到来音波 p で駆動されることを考えると，開口から外部へ音波が放射散乱される．その効果を入れると方程式は次のようになる．

$$P = (r_r + j\omega m_r)V + \left(r + j\omega m - j\frac{k}{\omega}\right)V = (Z_r + Z_H)V \tag{4.26}$$

等価回路を図(d)に示す．共鳴器口からみた等価反射率，吸音率は O-O′ から外側をみた放射インピーダンス Z_r と内側をみたインピーダンス Z_H との比（式(4.12, 13)を参照）によって決まるので，この共鳴器は条件によって吸音器にも反射器にもなる．2.2.6 節の AR の例は共鳴器を能動構成にすることで反射器として利用した例ということもできる．

いずれにしてもこのような類推関係を使って，複合的な対象であっても自分の土俵(得意分野)に持ち込んで対応するようにすれば，その物理的ふるまいもより容易に理解できるというものである．

現在ではコンピュータによる数値シミュレーション(模擬)が盛んである．微分方程式などを解析するプログラムが一度できれば，後は数値を入力するだけで数値解が容易に得られるからである[15]．しかしその対象が内包する物理現象を理解することが容易であるとはいい難い面がある．したがって技術者にとって類推によるシミュレーションの価値が失われることはないであろう．

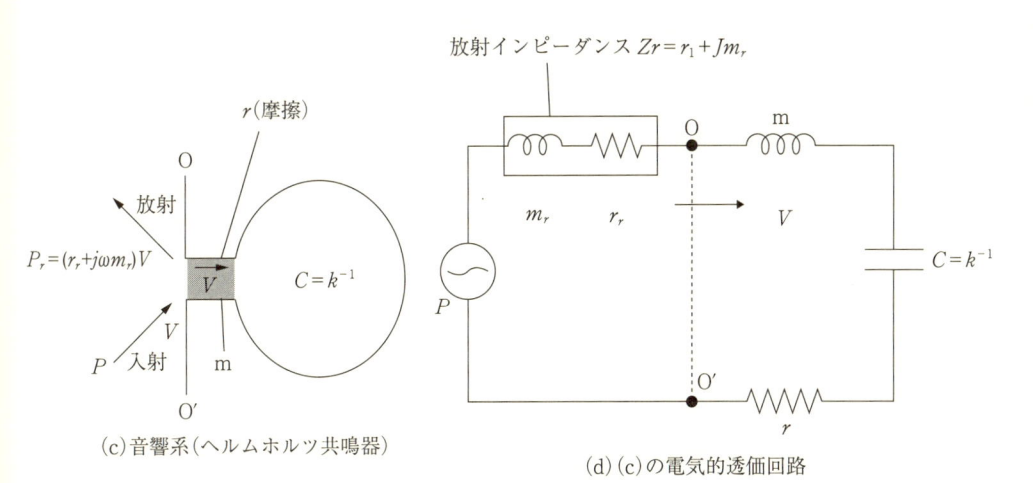

図 4.12 1自由度等価モデル

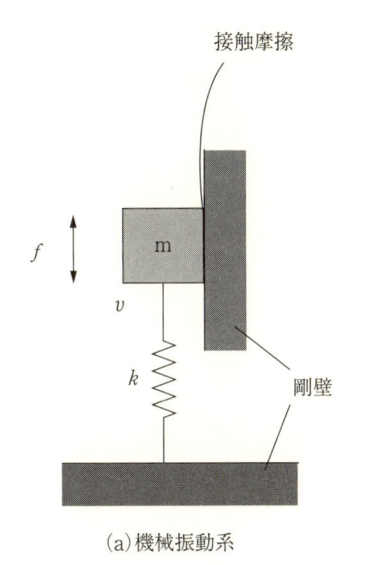

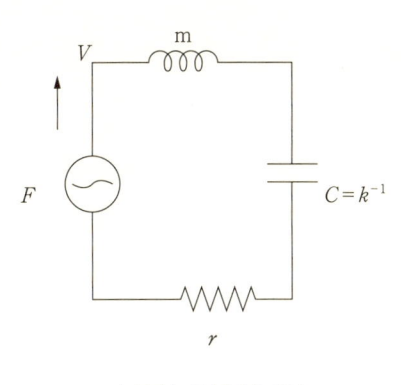

(a) 機械振動系
(b) 電気系(共振回路)
(c) 音響系(ヘルムホルツ共鳴器)
(d) (c)の電気的等価回路

4.3.2 音響フィルタ——サイレンサ/マフラー

ダクトは換気システムや内燃機関の排気筒として広く利用されているが，それ自体は騒音伝播を阻止する能力はもっていない．しかしダクトの断面に変化をつけることで任意の周波数特性をもつ伝達系が実現でき，その目的を達成することができる．これは1つの音響フィルタである．

図 4.13(a)は断面が変化するダクトの例で，簡単のためにパイプ部と膨張部はそれぞれ同一で交互に配置されている場合を考える．パイプ部の空気が一様に振動し，膨張部が空気ばねとして作用するものとすれば，その電気的等価回路は図 4.13(b)のように表される[12]．ここで R_i は駆動源の内部インピーダンスで，R_0 は終端抵抗または放射インピーダンスである．このフィルタが有効に作動するためには，これらの素子の値が適切に選ばれなければならない．というより，これらが与えられて，この条件に適切な音響素子が決定されるべきである．図 4.13(c)はその一区間を取り出したものである．このようなフィルタは定 K 型とよばれている．このフィルタの特性を簡単に概観してみると，コイルのインピーダンス $j\omega m$ は周波数に比例して増加するので周波数とともに電流が流れにくくなり，それに対してコンデンサのインピーダンス $-j\dfrac{1}{\omega C}$ は周波数に反比例して低下するので，線間がショートに近くなる．したがって周波数が高くなるにつれて出力が低下するであろう．これは低域通過型フィルタである．定 K 型では，通過帯と減衰帯の間に遮断周波数が存在する．遮断周波数は

$$f_c = \frac{1}{\pi\sqrt{mC}} \tag{4.27}$$

で与えられる．図 4.13(a)，(b)のように多段接続すれば減衰量はそれだけ大きくなる．

このようなフィルタで伝達に減衰が起こるのは内部でエネルギーが消費されるわけではなく，O-O′ 端子から左右をみたインピーダンスが不整合となる周波数帯域で入射エネルギの一部が反射されるからである．フィルタにはディジタル・フィルタの理論の援用も盛んである[15]．このような音響フィルタ・モデルによる内燃機関の実験を含めたサイレンサの研究は我が国では二村，福田ら

(a) 断面の変化するダクト

(b) 等価回路

(c) 1区間

$$m = \rho S_1 l_1$$
$$C = \frac{V}{S_1^2 \rho c^2}$$
(ρ: 密度, c: 音速)

(d) 伝達特性

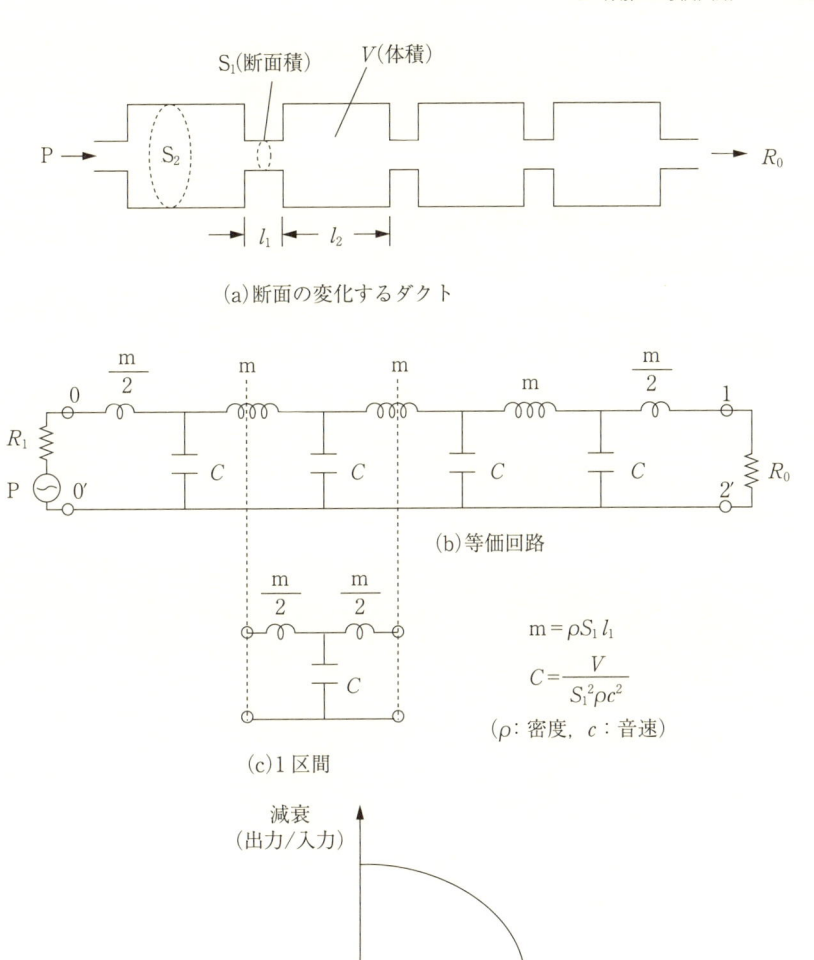

図 4.13 音響フィルター型消音器

の研究が先駆と思われる[16].

　単純な音響フィルタ・モデルの欠点は排気流の効果を組み込むことが難しいことである．排気流は流れの方向によって流速が異なるので音波伝播速度が異なることになるからである．現在では数値シミュレーションによりこのような

問題への対応が可能となっている[17]．なお，ダクト，マフラー一般の設計などについては既に成書が刊行されている[18]．

4.4 振動と音響の結合
4.4.1 連成振動

多くの音の発生源は振動である．すなわち振動体の振動の結果，音波が放射（音響放射）されるわけである．したがってその反作用が振動系への付加となる．多くの場合，振動系には減衰と付加質量が作用する．また音波が振動系に入射すればその音圧によって振動体は駆動され，振動が励起（音響励起振動，sound-induced vibration）される．その反作用として音波は散乱し空間に放射される（前述のヘルムホルツ共鳴器の例はその1つである）．電気音響変換器はこれを積極的に利用したものである．前者はラウドスピーカ，後者はマイクロホンに相当する．このような変換装置では，スピーカは振動板を軽くして（ピストン運動が保たれるように剛性を保ったまま）能率のよい音響放射が得られることが望ましく，マイクロホンとしては，能率や感度のほかに，マイクロホンの存在が外部音場を乱さないことが望ましい．

このような問題では，厳密には，構造・音響が結合した連成問題として取り扱われることが必要である．ただ一般の機械や構造物では，媒質が空気の場合，結合が小さいとして，まず振動を考え，得られた表面の振動変位や速度がわかれば，それを駆動源として音場を考えればよい．また逆の場合，まず振動体の表面が固定しているものとして音場を解き，振動体にはたらく音圧分布を求め，次にそれを駆動源として振動を解けば近似解が得られる．しかし，媒質が水のように密度が大きい場合，結合の影響が大きいので，このような手法は使えない．近年，有限要素法や境界要素法などによる場の数値解析法の発達により連成場問題も数値シミュレーションにより容易に扱えるようになった[19]．次に簡単なモデルで考察してみよう．

4.4.2 単振動放射系

図4.14は図4.12(a)で考察した単振動系で，ピストン円板を質量としたものである．円板はバッフル板内に収まっている．前面には媒質があり，円板が

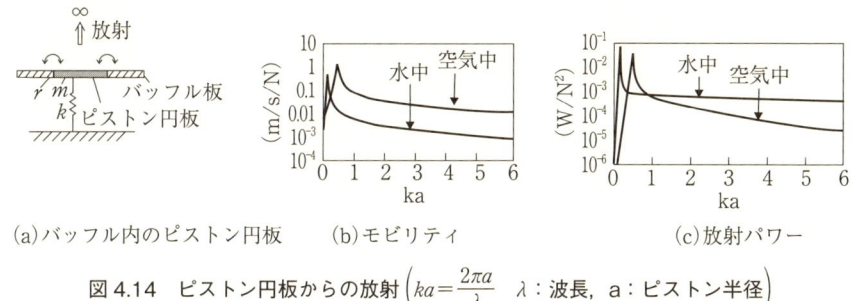

(a) バッフル内のピストン円板　　(b) モビリティ　　(c) 放射パワー

図 4.14　ピストン円板からの放射 $\left(ka=\dfrac{2\pi a}{\lambda}\quad \lambda:\text{波長，} a:\text{ピストン半径}\right)$

前後に振動すれば前面の媒質が動き付加となる．動きが遅い（波長が半径よりも十分長い）場合には媒質は横の方に逃げるので付加は小さいが，動きが速くなればピストンの前面の媒質はピストンとともに動き付加が大きくなる．この動いた媒質の等価質量が付加質量であり，放射された音波が遠方に吸収されたパワーに等価な成分が放射抵抗である．したがってそのモデルは図 4.12(d) に示したものと同じである．このときの系モビリティ（アドミタンス，式(4.26) の $(Z_r+Z_H)^{-1}$ に相当）を図 4.14(b) に示す．媒質が空気の場合は，何もない場合とあまり変わらない．媒質が密度の大きい水の場合は付加質量のために共振周波数が低下し動きにくくなっている．図 4.14(b) は円板からの放射パワーを計算したもので，水中では大きな放射の得られることがわかる[20]．

4.4.3　コインシデンス

板が曲げ振動をする場合の音の放射は単純ではない．媒質を押す部分と引く部分が交互に作用するからである．またこの逆も同様であるが，音が板に入射する場合に面白い現象が起きることが知られている．

遮音板を取り上げよう．この板に音波が垂直にあたる場合を考えると，板は前後にゆすぶられ，音の遮音には図 4.6 にみるように質量則が成り立ち遮音量は周波数に対して右上がりの特性になるはずである．しかし音波が図 4.15(a) にみるように斜めから入射した場合を考えると，音の波長と板の曲げ振動の波長が一致するような周波数で板が大きく振動することになり，遮音効果が低下する．図 4.15(b) のディップがそれである．これをコインシデンス効果，その周波数をコインシデンス周波数という．この効果を改善するための対策

は，二重壁の場合，板の厚さが異なるようにすればよい[21]．

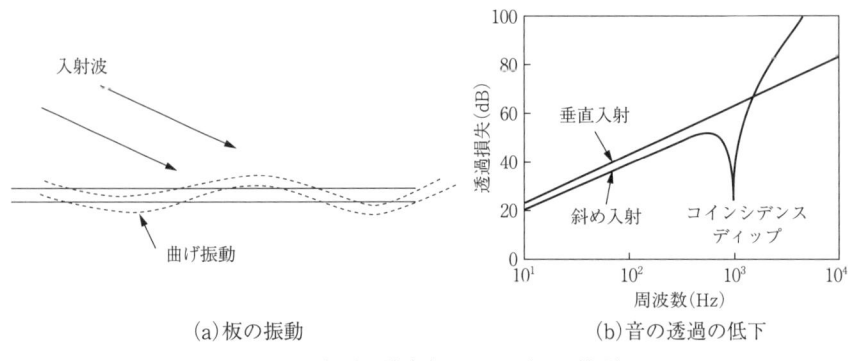

(a) 板の振動

(b) 音の透過の低下

図 4.15　板壁の遮音（コインシデンス効果）

文献

1) Colin H. Hansen and Scott D. Snyder : *Active Control of Noise and Vibration*, E & EN Spon, An Imprint of Chapman & Hill, London, 1997.
2) P.A. Nelson and S.J. Elliot : *Active Control of Sound*, Academic Press, London, 1999.
3) 伊藤毅：音響工学原論（上巻），コロナ社(1957)．
4) H. Oberst, "Uber die Dampfung der Biegenschwingungen dunner Bleche durch Fest Haftende Belage", *Acoustica Vol. 2, Akust. Beidh, No. 4*, 1952.
5) 加川幸雄, A. クロクスタット：二層円筒殻の粘弾性制動について，日本音響学会誌, **24**(6), 1968. Y. Kagawa and A. Krokstad : On the damping of cylindrical shells coated with viscoelastic materials, 69-VIBRA-9, ASME Pub., *American Soc. Mech. Eng.*, 1969.
6) S. Marcus : *The Mechanics of Vibrations of Cylindrical Shells*, Elsevier, Amsterdam, 1988.
7) S. Marcus : "Refined theory of damped axisymmetric vibrations of double layered cylindrical shells", *J. Mech. Eng. Science*, **21**(1), 1979.
8) Kewal K. Pujara : *Vibrations and Noise for Engineers*, Second ed., Dhanpat Rai & Sons, Delhi, 1977.
9) Kewal K. Pujara : Control of vibration in machinery, The Indian & Eastern Engineer, 110th Anniversary number.
10) D.E. ニューランド（清水信行訳）：機械振動の解析と計算，オーム社(1992)．
11) 実吉純一：電気音響工学 15 版，コロナ社(1969)．
12) 川村雅恭：電気音響工学概論 9 版，昭晃堂(1978)．
13) 近野正：ダイナミカル・アナロジー入門—回路と類推—，コロナ社(1980)．
14) 城戸健一：音響工学，コロナ社(1982)．
15) シミュレーション小特集—振動・騒音のシミュレーション，日本シミュレーション学

会, **29**(4), 2010.
16) 二村忠元, 福田基一, 城戸健一, 志村浩道 : "濾波器型消音器に関する研究", 東北大学電気通信研究所音響研究会資料, 1958. 2. 20.
17) T. Tsuji, T. Tsuchiya and Y. Kagawa : "Finite element and boundary element modeling for the acoustic wave transmission in mean flow medium", *J. Sound & Vib.*, **255**(5), pp. 849-866, 2002.
18) M.L. Munjal : *Acoustics of Ducts and Mufflers with Application to Exhaust and Ventilation System Design*, Wiley-Interscience, 1987.
19) 例えば　古屋耕平, 戸井武司 : "構造と音響が連成した系の数値解析のための CAE 解析技法", シミュレーション, **29**(4), pp. 137-141, 2010.
20) Stephen A. Hambric : "Structural Acoustics Tutorial—Part Ⅰ", Vibrations in Structures, *Acoustics Today*, pp. 21-33, 2006.
21) Stephen A. Hambric and John B. Fahnline : "Structural Acoustics Tutorial—Part Ⅱ Sound-Structure Interaction", *Acoustics Today*, pp. 9-26, 2007.

第 5 章

能動制御技術の展開

　音と振動は私たちの日常生活の身近にあり，また欠かすことのできないものでもある．音は多くの場合振動により発生する．人間は音声発生(流体による声帯励振)と聴覚(音波振動による鼓膜振動)により会話を行い意思の疎通をはかる．しかし騒音や振動は，環境問題的見地からはこれを防止したり避けたりしたい場合が多い．すなわち目的や要求に応じて自由に制御したいわけである．文明や技術は，これらを人間の欲求を満たすべく自由にコントロールすることを可能にしてきたといってよい．

　電気音響と称される技術分野がある．マイクロホンは振動を介して，音を電気信号変換する装置であるし，ラウドスピーカは逆に電気信号を，振動を介して音に変換する装置で，私たちの身近で広く利用されている．このように音響技術と電気技術の相性は極めてよいといえる．

5.1　能動制御とその応用分野

　音響・振動の能動制御(active control)は，多くの場合，電気的な手段を介して音響や振動を自由に制御しようとする技術である．能動制御は，音や振動を波の干渉を利用してよりよい環境を実現するために適宜制御しようとするもので，目的の場所で邪魔にならない程度に軽減したり放射方向を変更したりする技術である．能動制御の実際例については第 2 章でいくつかを紹介したが能動制御の効果が期待されている応用分野を文献[1]から箇条書きすると次のようになる．

1) 航空機内の騒音制御：航空機は軽量に作られる必要があり，当然，胴体壁も軽量とならざるを得ないので振動しがちである．胴体内部で発生する騒音を含めて，機内騒音を軽減する．
2) ヘリコプタ・キャビン内騒音の制御：室内に侵入する回転翼の風切り音と

変速ギアによる振動騒音の低減．
3) 船舶，潜水艦から水中に放射される騒音の低減：艦内で推進機関が発する振動の受動・能動を併用した振動伝達の低減．逆加振器を備えた船体振動の能動的低減．
4) 内燃機関の排気騒音の低減：排気口への伝播・放射音の能動制御．
5) 工場騒音(真空ポンプ，空気ブロア，冷却塔，ガスタービンなど)の低減：特に低音域に注目した騒音低減．
6) 機器を囲む軽量遮音壁の遮音効果の増強．
7) 軽量構造体(例えば宇宙ステーションなど)の低周波数域での制振：圧電セラミックなどを用いた軽量アクチュエータの採用．
8) 高層ビルの横揺れの制御
9) 空調ダクト内を伝播する低周波騒音の低減
10) 変圧器から放射される騒音の低減：放射源となる振動の低減．変圧器を囲む軽量騒音壁の効果の増強．能動的指向性制御．総合的効果を得るためには多数の能動的機器の複合構成が必要である．
11) 自動車室内の騒音の低減，室内騒音と車体振動の制御．
12) 自動車や機械の能動懸架システムの開発：受動的懸架との併用．
13) 静音装置を備えた受話器

この文献の筆者は機械工学者なので，以上の構想は機械技術の分野に偏っているように思われる．我が国は高密度，高齢化社会であることから，上のような工業分野以外の民生，福祉，市民生活に関わる多くの応用分野があるはずで，そのような分野における音響振動制御技術の展開は，ニュースなどでときおり報道される電気的制御を援用した力増強装置を備えた介助ロボットHALなどの技術開発と同じ方向のものといえよう．本書が多くの読者諸兄の興味を引き起こして，新しい応用分野を開発につなげていただける縁となれば本書の目的の大半は達せられたことになる．

5.2 能動音響制御技術小史——アナログ時代

5.2.1 1930年代の特許

最初に電話を使った音の消去を観測したのはトンプソンという人で1878年

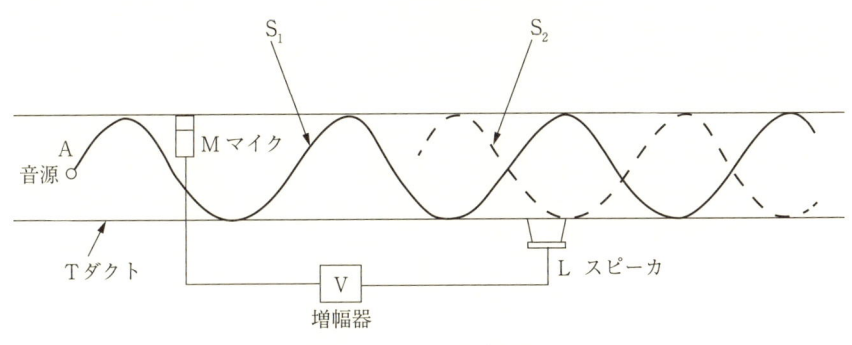

図 5.1 ルエクの特許説明図

のことだそうである．1930年に入ってフランスの技術者コアンダ（H. Coanda）が波の干渉による音の消去についてのアイデアの特許を取得している．彼はマイク，増幅器，スピーカからなる電気音響装置を用いて不要な騒音に対して逆位相の波を発生する方法を述べている．1933年にはドイツの技術者ルエク（P. Lueg）は，ダクト内の低周波音を従来の受動的手法の代わりに能動的に消去するアイデアで特許を得ている．これは逆相の2次波源を用いて騒音を消去させる方法である．特許の具体的な説明図の一部を図5.1に示す[2]．ここで S_1 は騒音源Aからの波，S_2 はスピーカLより発生された2次波でこれはマイクMで採取された S_1 から作られる．Vは増幅器である．これは4.2節で考察した音の消去の原理そのものである．しかし彼らは詳しい理論解析や実験については触れていない．問題は原音波 S_1 だけをマイクで拾って逆位相波 S_2 をそのままでは作ることができない点である．作られた S_2 も S_1 と同様マイクに入るためである．

5.2.2 オルソンの電子吸音器

具体的な装置とその成果が示されたのは1950年代になってからで，オルソン（H.F. Olson）によって1953年，1956年にアメリカ音響学会誌に発表された[3,4]．これらは彼の著書『音響工学』（1957）にも収録されている[5]．その概要を次に述べる．

オルソンの電子吸音器（Electronic sound absorber）は，図5.2(a)に示してあるようなもので，マイクに増幅器とスピーカを接続した1つの拡声装置であ

(a)吸音装置　　　　　　　　(b)音圧低減特性(A点)

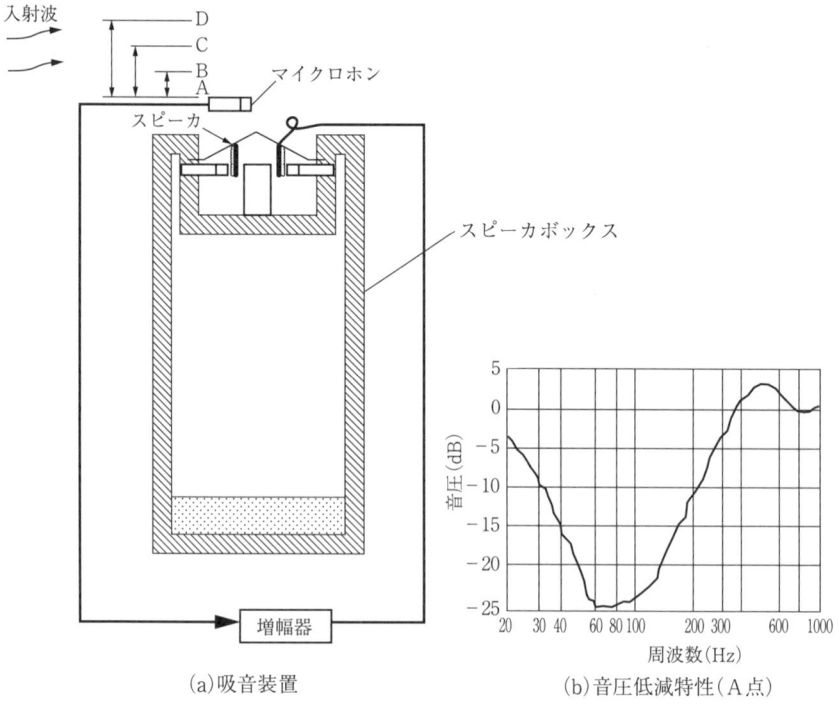

図 5.2　オルソンの吸音器[3,4)]

る．ただ異なるのは2つの電気音響変換器，マイクロホンとスピーカが近接対向していて，音響空間を含む系に負帰還がかかるように(逆位相となるように)接続されていることである．図 5.2(b) は実験結果の例で，この装置によって得られるマイク/スピーカ直前における音圧減衰効果である．20～300 Hz の周波数範囲で吸音効果が認められるが，ただ 500 Hz 近傍ではプラスに転じており系が不安定になっていることを示している．

消音効果の有効な空間域についても計測しており，それを図 5.3 に示す．図(a)はその範囲，図(b)はその効果である．その有効範囲は意外と狭く，直径は $\lambda/4$ 程度である．その応用については，自動車室内乗車員耳近傍への設置などが期待されているが，筆者は開放型公衆電話ボックスなどへの応用が有効であろうと考える．しかし現在では携帯電話機が普及し，公衆電話そのものが減っているのは皮肉である．携帯電話機も騒音のある環境で使われることが

5.2 能動音響制御技術小史——アナログ時代

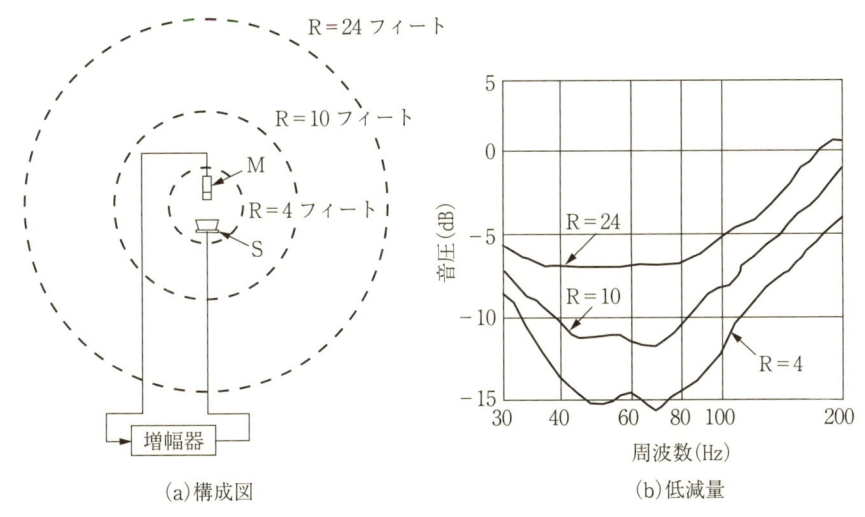

図5.3 有効な低減が得られる範囲
(a)構成図 (b)低減量

多く,したがって,このような機能が組み込められれば便利であろう.

1960年代のはじめ,上のオルソンの本に刺激されて,奥田,斎藤らは追試実験を行うとともに,マイクやスピーカの周波数特性を考慮にいれてその安定性についても考察をおこなった[6].マイクは比較的良好な特性をもっているがスピーカには中周波数域以上に多くの共振が存在する.そのためある周波数領域では負帰還が正帰還となり,拡声装置のハウリングなどで経験するような,もはや消音どころではないことが起きる.これを解決するのは容易ではない.増幅器は真空管式で,これが我が国におけるこの種の研究の先駆であると思われる.結論は費用対効果を考えると実用的ではなかった.時期尚早であったわけである.現在であれば,エレクトレットコンデンサマイクのような超小型で高感度,周波特性のよいものが安価に得られ,増幅器はトランジスタICになっている.スピーカは径を小さくすれば周波数特性をよくすることができる.例えばイヤホンがそれである.したがって航空機キャビン内のような高騒音環境下で音楽を楽しむようなヘッドホンなどへの応用を考えれば,十分実用に耐える分野が存在する.すなわち目的を限定すれば有効に利用できる応用分野が存在し,これは speak & spell に端を発した音声合成・認識技術の普及と軌を一にした環境にあるのである.

このオルソンの吸音器は，そのメカニズムがルエクの波の干渉による消音と考え方が異なる．外部からマイク/スピーカ帰還系をみた，見かけの音響インピーダンスを周囲の媒質のインピーダンスとの整合を考えることによって周囲の音を吸い込んでしまう効果を電子的に可変にしたもので，その意味では，消音器というよりはやはり吸音器なのである．したがって騒音低減というより，電子式吸音率可変装置を目指したものといえる．2.2.6 項の AR(assisted resonance)はこの技術の直接的展開といえる．

5.3 能動消音・吸音器

これはオルソンの吸音器(Electronic sound absorber)のことである．その構成，減音効果については前節で既に述べた．ここで簡単な伝達モデルを使って検討してみる．オルソンは集中定数的等価回路モデル(4.3 節参照)を用いて定性的な考察をしているだけである．このような帰還型の消音器が単体で使われることは少なくなっているが，実用に供される適応制御型の場合でも，システム内には帰還ループが必ず存在するので，このような帰還ループの影響を考察しておくことは重要であろう．

5.3.1 消音・吸音特性

まず音響系の伝達特性について考察しよう．図 5.4(a) に示すような半径 a の球を考える．中心にスピーカ S，球面上にマイク M がある．ここでは，マイクやスピーカの大きさや周波数特性は考慮していない．マイクとスピーカが近接対向し，それらの端子は負帰還増幅器につながれている．体積速度 q_p の音源から距離 r 離れた地点の音圧 p_r は

$$p_r = \frac{j\omega\rho}{4\pi r} e^{-jkr} q_p$$
$$= \frac{j\rho c(kr)}{4\pi r^2} e^{-j(kr)} q_p \qquad (5.1)$$

で与えられる[5]．

ここで ρ, c は媒質の質量密度，伝搬速度，$k(=2\pi/\lambda, \lambda$ は波長)は波数，ω $(=2\pi f, f$ は周波数)は角周波数である．

5.3 能動消音・吸音器

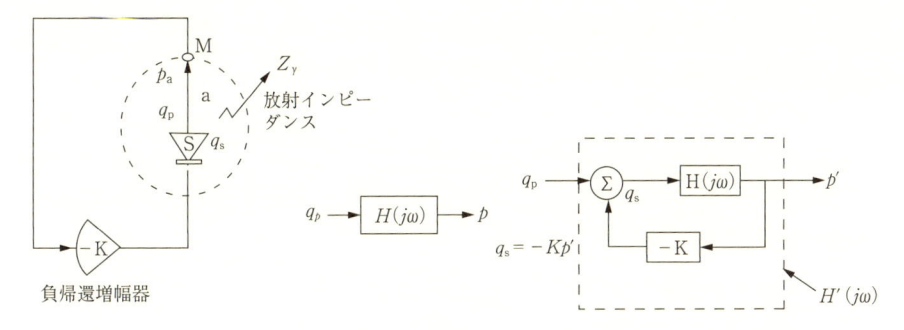

(a)マイク，スピーカ近傍空間　(b)空間の伝達関数　(c)帰還系を含む伝達関数

図5.4　電子吸音器と伝達モデル

したがって $r=a$ に関する体積速度と音圧の関係は

$$p_a = H_a(j\omega) q_p \tag{5.2}$$

と書ける．ここで $H_a(j\omega)$ は伝達周波数応答関数で

$$H_a(j\omega) = \frac{j\rho c(ka)}{4\pi a^2} e^{-j(ka)} \tag{5.3}$$

これは1つの伝達インピーダンスでもある．それを図5.4(b)に示した．

到来音波がマイクの位置で，p_a であれば，これは球の中心に体積速度 q_p がある場合と等価である．

次に電子回路系ついて考える．負帰還増幅器 $(-K)$ の接続された場合のマイクの音圧 p_a' とスピーカからの体積速度 q_s との関係は

$$q_s = -K p_a' \tag{5.4}$$

であるから，式(5.2)の関係は

$$p_a' = H_a(j\omega)(q_p + q_s) \tag{5.5}$$

式(5.4)によって，見かけの体積速度が減少して音圧は p_a' となる．式(5.4)を代入して整理すれば

$$p_a' = H_a'(j\omega) q_p \tag{5.6}$$

と書ける．ここで

$$H_a'(j\omega) = \frac{H_a(j\omega)}{1 + K H_a(j\omega)} \tag{5.7}$$

$K H_a(j\omega) \gg 1$ に対して

$$H_\mathrm{a}'(j\omega) \approx \frac{1}{K}$$

$$\therefore\ p_\mathrm{a}' = \frac{q_\mathrm{p}}{K} \tag{5.8}$$

負帰還増幅器の存在によって，音圧は $\frac{1}{K}$ に低下する．K はいくらでも大きくできるから p_a' をゼロに近づけることができる．これがこの型の消音器の原理である．

音圧減衰量(Pressure Reduced)は次式により評価できる．

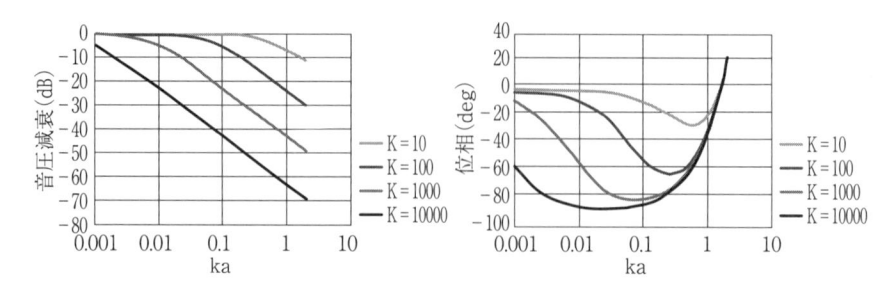

図 5.5　負帰還の効果(音圧減衰)

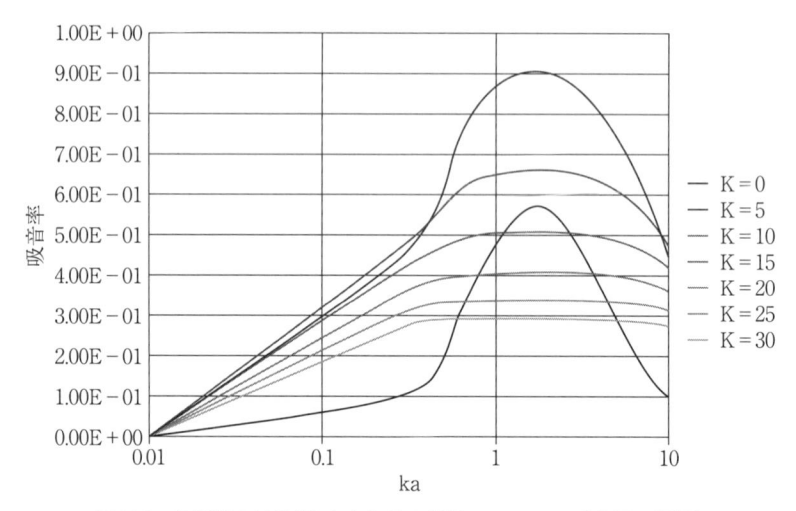

図 5.6　負帰還の効果(吸音率とその効果 a＝3 cm の球表面で評価)

$$PR_\mathrm{a}(\mathrm{dB}) = 20 \log \frac{p_\mathrm{a}'}{p_\mathrm{a}} = 20 \log \left(\frac{1}{1 + KH_\mathrm{a}(j\omega)} \right) \tag{5.9}$$

これを，K をパラメータに，(ka) に対する PR_a を図 5.5 に示す．また a = 3 cm の球表面におけるインピーダンスの不連続性に基づいて評価された吸音率を図 5.6 に示す．$ka = 1$ の前後の周波数帯域で帰還量によって吸音率が大幅に変えられることが予想される．

5.4 ダクト内の能動消音
5.4.1 負帰還（フィードバック）型

図 5.7 に示すような構成のものである．これは前節の吸音器をダクトの中央部に設置したものと考えれば基本原理は変わらない．異なるのは，放射空間が 1 次元であることだけである．ダクトについては，4.2 節で考察したが，本節の例では制御音源から放射された音波が左右の端から返ってくるので，伝達関数に山谷が多数現れる．図 5.8(b) にみるように，放射インピーダンスの例を示すが，実際は，右端は開放なのでここから音の放射があるため，スピーカからみた放射インピーダンスには実部が存在する．このような放射空間特性が複雑な場合は系の安定性を考慮することが重要で，ループの伝達特性が判明していれば，帰還系の特性などを補完することによって，より安定度の高い設計が可能となろう．このような場合には，帰還系にディジタル・フィルタを挿入すれば柔軟に対応できよう．ただ $x = 0$ 近傍（マイク/スピーカの近傍）で音圧が

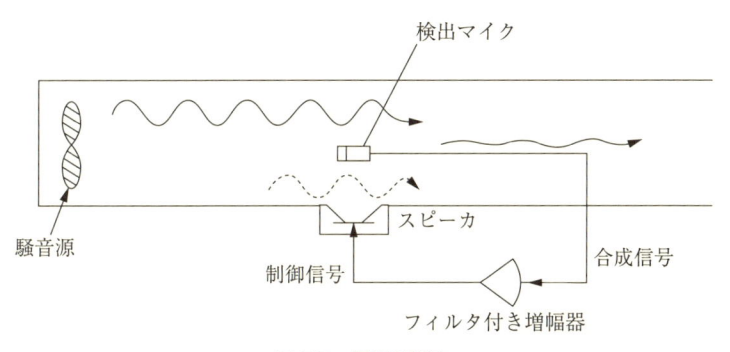

図 5.7　帰還形消音

低下してもダクト開口部で音圧が同様に低下する保証はない．

　ところで吸収空間が小さいにもかかわらず周りの領域から大きなエネルギーを吸い込むものとして，中長波周波数電磁波領域で使われる線状アンテナがある．導線の断面積が著しく小さいにもかかわらず，近傍に到着した電磁波も吸収する大きな等価断面積を有している．導線にあたかも毛が生えているようであるが，この場合，毛の本体は電磁誘導であろう．これは能動制御の問題ではないが，エネルギー授受の関係はインピーダンス整合の問題として考察できる．

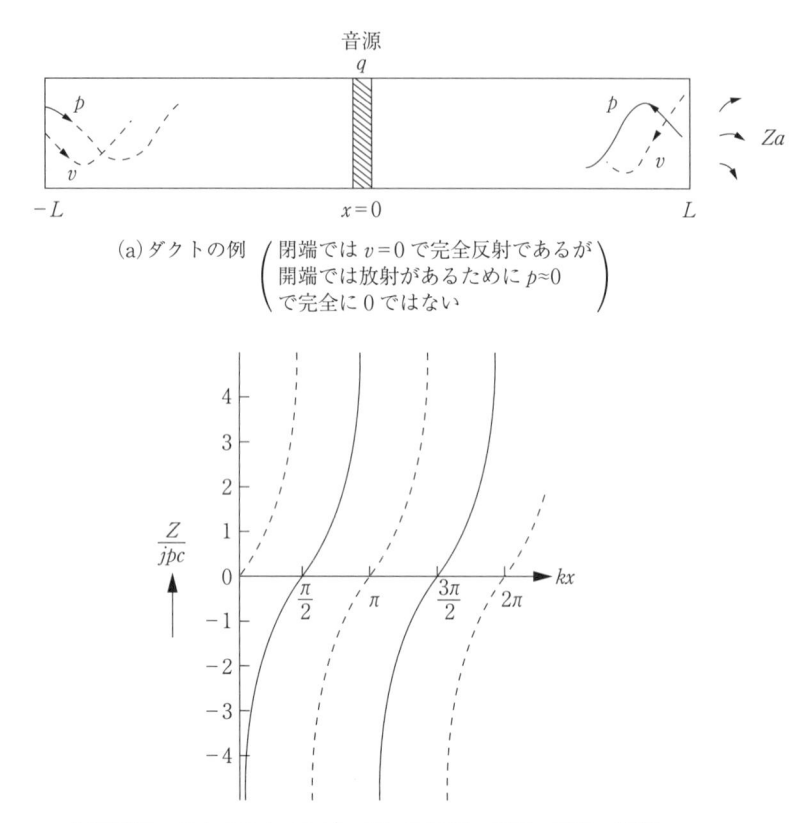

(a) ダクトの例 （閉端では $v=0$ で完全反射であるが
開端では放射があるために $p \approx 0$
で完全に0ではない）

(b) 音源($x=0$)からみたインピーダンス(実線：閉管，破線：開管)

図 5.8　ダクト内放射

5.4.2 前進(フィードフォワード)型

前進型は制御信号(逆相のコピー信号)の創成に適応制御を用いる．図 5.9 にその構成を示す．図 5.9(a)はダクトと制御系の配置，図 5.9(b)はそのブロック図で，伝達関数 $G(s)$ はダクト内の参照マイクとスピーカ間の伝達関数である．これが平坦であれば時間遅れがあるだけである．騒音は参照信号用マイクで取り込み，可変フィルタを通して制御信号とする．騒音とスピーカからの制御波との合成波を誤差信号マイクで検出し，誤差が最小となるように適応フィルタを制御する．これが達成された時点で，フィルタ伝達関数 $H(s)$ は $G(s)$ の逆フィルタとなり，逆位相の制御波が創成されることになる．実際にはこの種の制御機器をアナログで構成することは難しいであろう．このようなシステムが可能となったのは，ディジタル信号処理技術の進歩によるところが大きい．より具体的な構成図を図 5.10 に示す．したがって音響系と制御系との間には A/D，D/A 変換器が挿入されている．適応フィルタの例は図(b)に示してある．z^{-1} は遅延素子である．それぞれの出力は重み付けをされて加算され制御信号となる．この重みの大きさが誤差信号によって変化させられるのであ

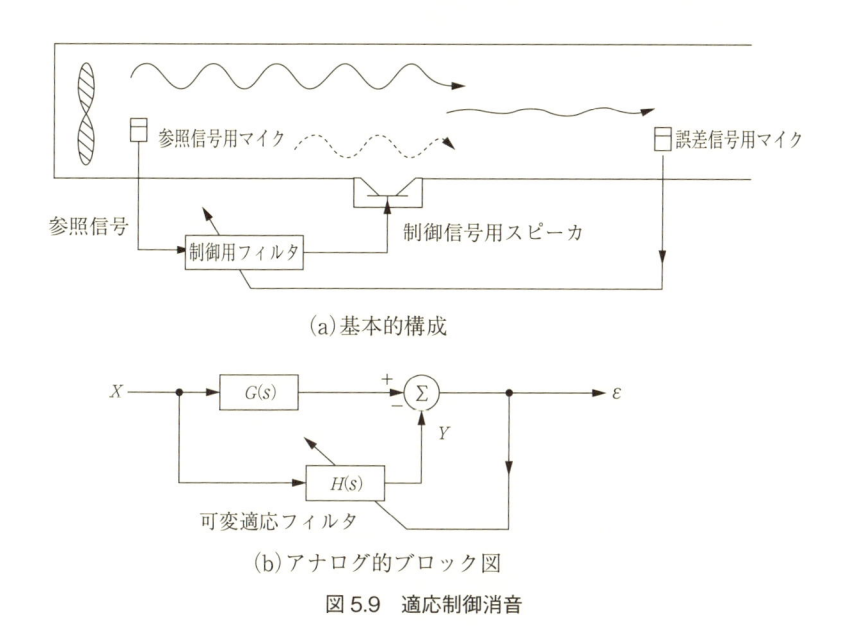

(a)基本的構成

(b)アナログ的ブロック図

図 5.9　適応制御消音

る．それは離散化された各サンプル信号に対して行われる．そのための適応アルゴリズムは基本的にはニュートン法，最小二乗法のような最適演算である(6.5節参照)．演算は騒音波が参照信号用マイクの位置から制御用スピーカの位置まで伝播する時間内に行われればよい．波は時間 Δt でサンプリング(標本化)されるものとする．すなわち，ここで

$$x(t)=x(k\Delta t)=x_k \tag{5.10}$$

とすれば，これに対するフィルタの応答 y_k は

$$y_k=\sum_{n=0}^{L} w_{kn}x(k-n) \tag{5.11}$$

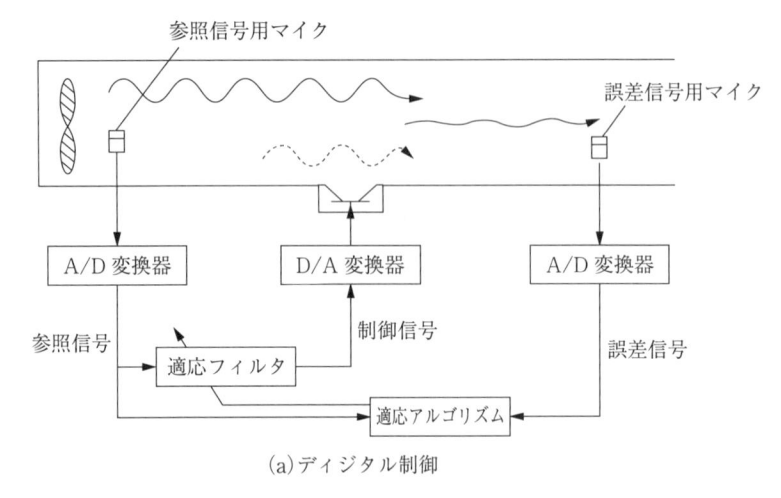

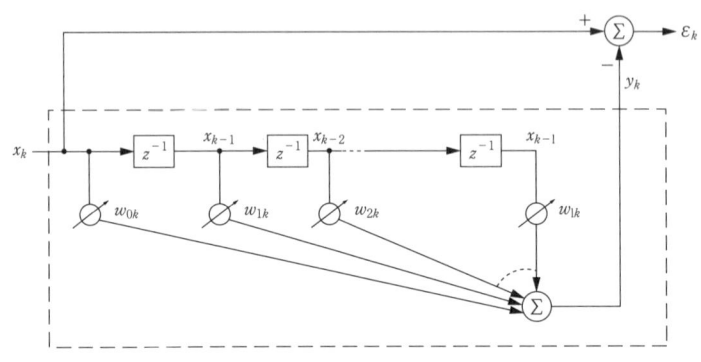

(a) ディジタル制御

(b) 適応ディジタルフィルタの例

図 5.10　適応制御システム詳細

となる．w_{kn} は重み係数である．二乗誤差は

$$\varepsilon_k{}^2 = (x_k - y_k)^2 = x_k{}^2 - 2x_k y_k + y_k{}^2 \tag{5.12}$$

最小値を求めるためには，ε_k の微係数

$$\frac{\partial \varepsilon_k}{\partial w_{ik}} = \nabla \varepsilon_k \tag{5.13}$$

の演算が必要である．(5.12)の微係数は

$$\frac{\partial \varepsilon_k{}^2}{\partial w_{ik}} = 2\varepsilon_k \frac{\partial \varepsilon_k}{\partial w_{ik}} = 2\varepsilon_k \nabla \varepsilon_k \tag{5.14}$$

そこで $\nabla \varepsilon_k$ 係数として重みの大きさを次のように更新する．

$$w_{ik+1} = w_{ik} - \mu \nabla \varepsilon_k \tag{5.15}$$

ここで μ は適当な係数(制御パラメータ)，∇ は係数微分演算子(勾配)である．これらの演算は，実際はベクトル演算になる(6.5.2項参照)．図5.11に示すのは適応制御による応答例である[7,8]．初期の応答を除いては ε_k は非常に小さく，適応フィルタは良好に応答して逆フィルタとなっている．図5.9(b)のブロック図をみるかぎり，前進型は安定であるようにみえる．音響系の伝達関数も電子系にならって一方向のモデルで描いてあるからである．音響系は実際には双方向性で，伝達系 $G(s)$ は現実には逆方向も存在するのである．すなわち制御用スピーカからの信号が参照信号マイクに入るのである．したがってこの場合にも，負帰還方式と同様の閉ループが存在するので，安定動作に関する考察と配慮が必要である．

5.4.3 波形合成(シンセサイザー)型

消音の基本原理は騒音波に対して逆位相の波を作り，それを騒音波に作用させてキャンセルする考え方である．前節の前進型は，騒音波を加工する過程で適応フィルタと適応の基準を判定するための誤差信号を利用した．ディジタル信号処理ではこの過程をサンプリングされたサンプル信号それぞれに適用するものである．これは単なる数値的操作であって，その意味では波動という概念がなくともかまわない．数値演算の応答が速ければ，非定常的な騒音に対しても有効である．これに対して，本節の波形合成型はむしろ連続的な騒音に有効と考えられる方式で，フーリエの定理の直接的な応用である．波形合成器はシンセサイザーとよばれ，そのメカニズムは，電子技術の発展とともに音響など

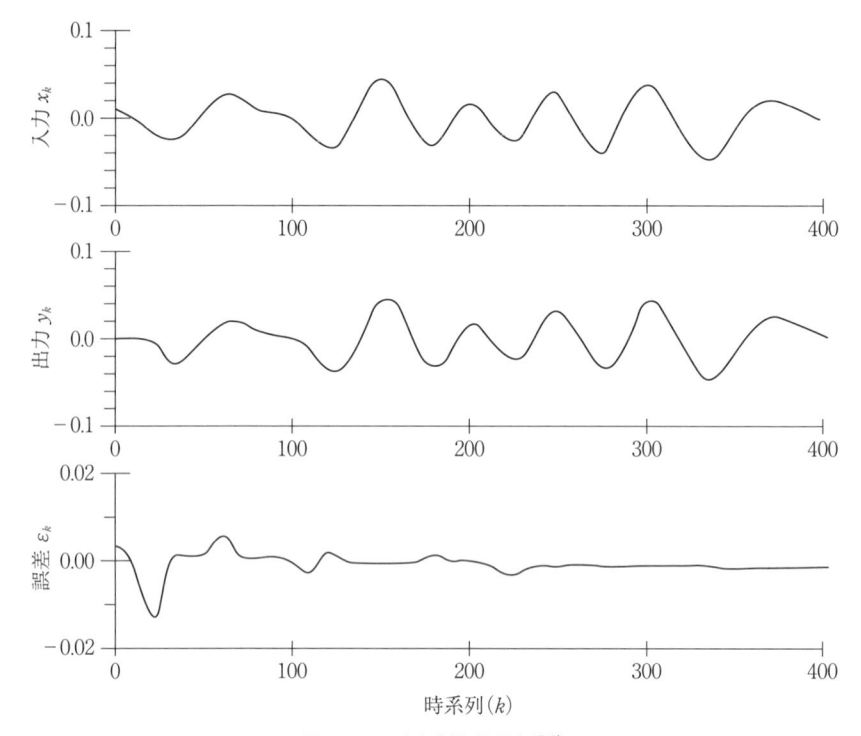

図 5.11　適応制御信号例[7,8]

の低周波数からマイクロウェーブなどの超高周波数域まで，標準信号発生器などに採用されている．まず1つの正弦波を発振させ，それを基本波としてその整数倍の高調波を多数発生させる．それらを適宜重ね合せれば（振幅，位相を適切に選んで），任意の波形の波を合成できる．ミュージック・シンセサイザーとよばれるものがある．それはこの原理に基づいた電子楽器で，セレクタを選択するだけで，どのような楽器の音色もキーボードで再現できるひとつのシミュレータである．図 5.12 は波形合成型の例であるが，図(a)にみるように，消音における構成は基本的には前進型で，異なるのは制御波の作り方である．波形合成に必要なのは，騒音の基本波に相当する成分だけである．合成器の例を図(b)に示す．各成分の振幅，位相の制御が，誤差信号に基づく適応アルゴリズムにより行われるのは前節の方式と同様である．ディジタル信号（タイミ

ングサンプル列)があれば，高調波作成のための逓倍(また逓減も)は容易である．参照信号は騒音の基本波だけでなく騒音源となる回転機の振動でもよい．この構成のほうが，制御音との結合が小さいので前節で考察した閉ループによる帰還の問題が小さくなる．この方式は，上に述べた古くから開発されたシンセサイザーの技術が流用できることから，騒音が周期性をもち，かつ安定なのであれば有効な方式である[9]．

(a) 構成

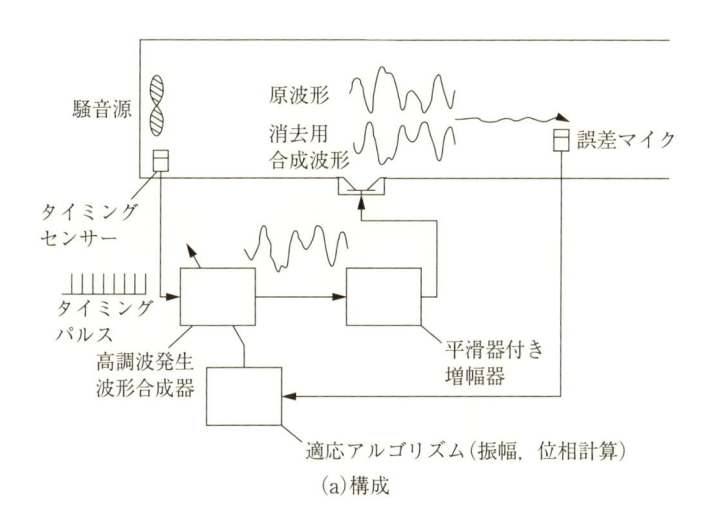

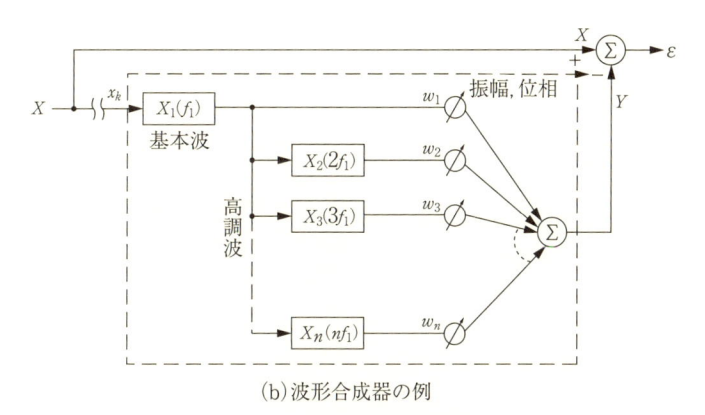

(b) 波形合成器の例

図 5.12 波形合成型消音システム

5.5 振動伝達制御

4.2.4 項では単振動系としてモデル化されるシステムの振動伝達軽減について考察した．ここでは能動制御を行うことでその効果を強化することを考える[1]．図 5.13 にそれを示す．図 5.13(a) はばね k に加振器を並列に組み込んだものである．質量 m には変位センサが取り付けられてあり，m の変位に比例した加振力 f が加わるものとする．K は増幅器である．図 5.13(b) はブロック図であって $G_1(s)$, $G_2(s)$ はそれぞれ質量の，ばね/ダンパ系の伝達関数に相当する．$B(s)$ は帰還系の伝達関数である．運動方程式は

$$m\ddot{x} + r(\dot{x}-\dot{y}) + k(x-y) - f = 0 \tag{5.16}$$

また帰還系については $f=-Ky$ である．$x=Xe^{st}$, $y=Ye^{st}$, $f=Fe^{st}$ とおけば伝達関数は

$$H(s) = \frac{Y}{X} = \frac{G_1(s)G_2(s)}{1+G_2(s)B(s)} \tag{5.17}$$

あるいは

$$= \frac{rs+k}{ms^2+rs+k+K} \tag{5.18}$$

周波数応答関数は，$s=j\omega$ とすれば

$$H(j\omega) = \frac{1+2j\zeta(\omega/\omega_0)}{1+K/k-(\omega/\omega_0)^2+2j\zeta(\omega/\omega_0)} \tag{5.19}$$

図 5.13(c), (c)′ に伝達減衰特性を示す．ここに ζ は減衰比，ω_0 は固有角周波数である．図 5.13(c) は帰還のない場合の伝達減衰で参考のために示したもので，縦軸が dB 表示してあるほかは図 4.11(d) と同じものである．図 5.13(c)′ は能動制御を加えた場合の効果を示したもので，K/k をパラメータとしている．加振力の存在により見かけのばね定数が変わるので，共振周波数が移動している．減衰効果が現れるのは，固有角周波数以下の領域である．ここでは質量部の変位に比例する負帰還力の場合を考察したが，速度，加速度が帰還する場合についても同様の考察ができる．

速度帰還の場合は，見かけのダンピングが増加して共振点での変位伝達が減少する．これに対して加速度帰還の場合は，見かけの質量が帰還量とともに増加するので，共振周波数が低下する．このような問題も閉ループが存在するので系は無条件に安定ではない．

5.5 振動伝達制御

(a) 能動制御モデル

(b) 変位帰還ブロック図

(c) 受動($K_d=0$)の場合
(図4.11(d)と同一)

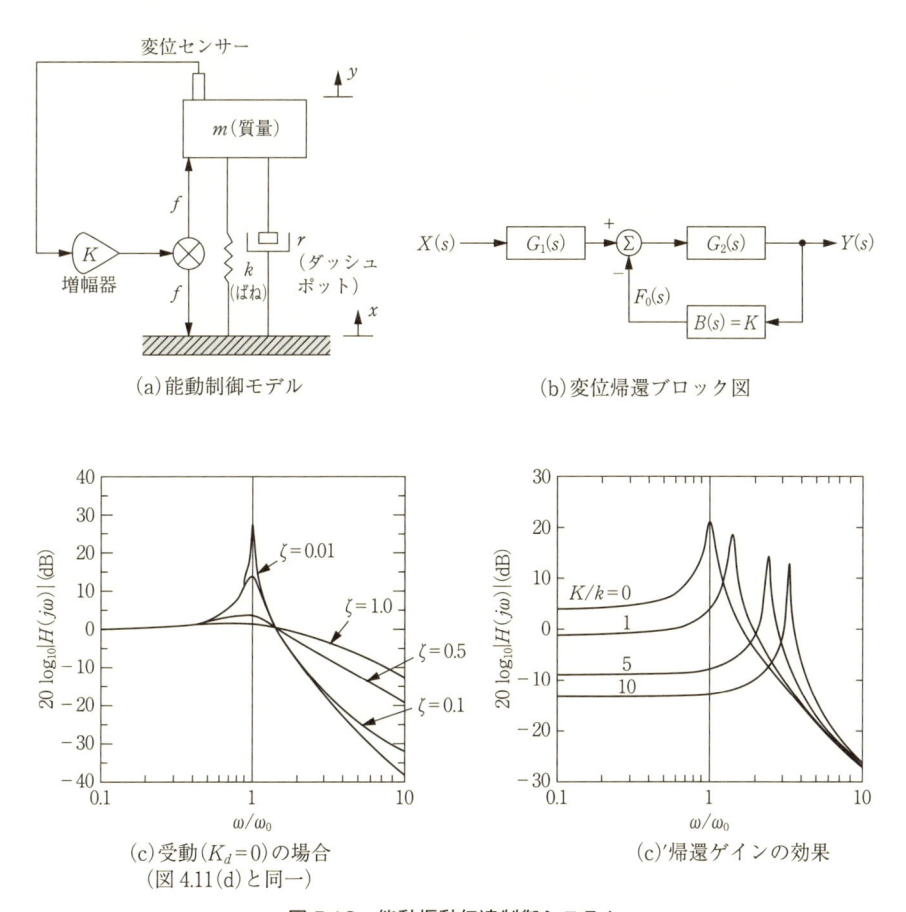

(c)' 帰還ゲインの効果

図5.13 能動振動伝達制御システム

系の安定性は伝達関数の極のふるまいを調べればわかる．すなわち，変位帰還の場合は，$K+k>0$，であればよい．ここでは簡単な例として単振動系モデルを考察した．そのため基盤が浮いた形になっている．現実には基盤は何かの上に乗っているため，もう一組のばねとダンパを考えなければならない．中島らはこのような2自由度系の能動振動制御を研究し安定条件について考察した[10]．

5.6 片持ち梁の制振

片持ち梁は板振動の最も簡単なモデルである．その振動を能動的手段で制振したい．図 5.14 はそのための実験モデルである[1]．梁の支持の近くに駆動のための励振器が付けてある．また，励振には正弦波のほかにランダムノイズが加えてある．図 5.14(a)に示したのは適応制御を用いた例である．すなわち制御用加振器を中央に接合して振動を抑制しようとするものである．誤差信号は梁の先端部で加速度を検出する．これはモデル実験であるから，参照信号はセンサによらず，励振器の電源から直接取っている．励振信号は正弦波 75 Hz でランダムノイズ成分よりも 40 dB 大きい．図 5.14(b)はその結果である．能動制御を作動させることによって中周波数領域にある 3 つの共振ピークが

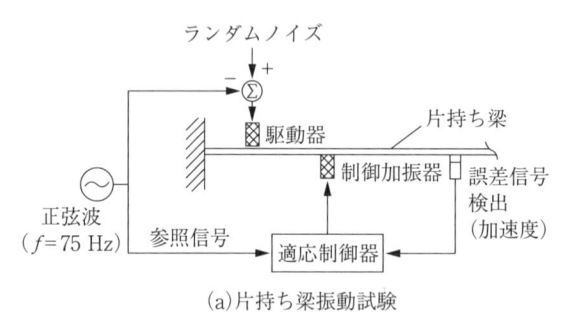

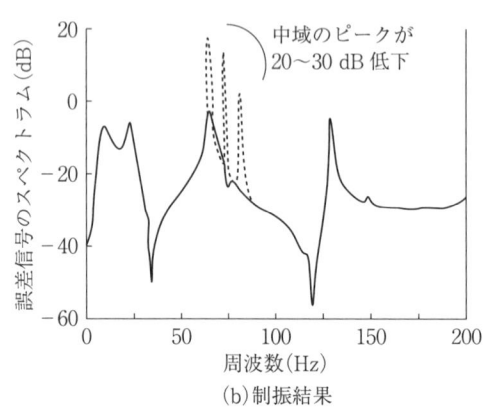

(a) 片持ち梁振動試験

(b) 制振結果

図 5.14 片持ち梁の制振[1]

20〜30 dB 低下している．これらはノイズにより励起されたものである．ここで用いた適応制御機器はタップ数 4 の FIR フィルタからなり，適応アルゴリズムはフィルタード X-LMS を用いている．

文献

1) Colin H. Hansen and Scott D. Snyder : "Active Control of Noise and Vibration", *E & FN Spon*, An Imprint of Chapman & Hill, London, 1997.
2) P.A. Nelson and S.J. Elliot : *Active Control of Sound*, Academic Press, London, 1999.
3) H.F. Olson and E.G. May, "Electronic sound absorber", *J.A.S.A.* **25**, 1953.
4) H.F. Olson, "Electronic control of noise and reverberation", *J.A.S.A.* **28**, 1956.
5) H.F. Olson : *Acoustical Engineering*, D. Van Nostrand Inc., 1957.
   H.F. オルソン(西巻正郎監訳)：音響工学(上，下巻)，近代科学社(1959)．
6) 奥田襄介, 斉藤勲, 二村忠元, 城戸健一："電気音響変換器による吸音特性制御に関する研究", 東北大学電気通信研究所音響研究会資料(1958)．
7) B. Widrow and S.D. Stearns : *Adaptive Signal Processing*, Prentice Hall Inc., Englewood Cliffs, N.J., 1985.
8) 伊達玄："適応信号処理, ディジタル信号処理―アドバンスド・コース", 日本音響学会, 第 30 回技術講習会, 1, pp. 29-30, 1987.
9) C.H. Hansen : "Understanding Active Noise Cancellation", *Spon Press*, Taylor & Francis Group, London, 2002.
10) 中島隆之, 城戸健一, 二村忠元："能動素子を用いた防振機構に関する一考察", 東北大学電気通信研究所音響工学研究会資料, 1963.

第6章
制御のためのディジタル信号処理

　波動現象はすべてアナログ的なものである．したがって能動制御技術の説明でディジタル的な考え方を必ずしも意識することはなかった．しかし電気系の信号処理では話は別である．そして実際，能動制御技術の実用化が可能になったのは，ディジタル信号処理技術の進歩によるところが大きい．

6.1　ディジタル処理の有効性

　ディジタル信号処理は，連続的な信号を一定の時間間隔でサンプリング（標本化）して得られる離散化データ（6.2.1 項参照）を数値的に処理する技術である．それは数値データ列から元の波形が再構成される原理とそれが高速で可能となる算法の開発に基づいている．どのような波形の連続信号も基本波とその整数倍の高調波から構成される．その中に含まれる最高角周波数 ω の波を

$$y = A \sin(\omega t + \varphi) \tag{6.1}$$

で表すものとすれば，y は振幅 A，位相 φ によって一義的に決まる．したがって 2 つの時刻 t_1, t_2 における y の値 y_1, y_2 の値が与えられれば，A, φ が決まり，波が復元される．すなわち 1 周期あたり，最低 2 回の割合でサンプリング値が得られればよい（サンプリング定理）．すなわちディジタル信号処理はフーリエ級数を拡張したフーリエ変換とサンプリング定理に基づいている．

　1 サンプル時間内に必要な数値計算が行われればリアルタイム，オンライン処理が可能となる．後述の DSP は A/D，D/A 変換器を備えた 1 つの高速の専用計算機であるが，アナログ信号をそのまま取り込みアナログ信号を出力することができる．現在ではパーソナル・コンピュータが高速になりソフトウェアを援用するだけで上の仕事ができるようになった．

　ディジタル方式の有効性をまとめると次のようになろう．

柔軟性 能動制御が可能となるためには，伝達特性の補償(更新)がより任意に迅速に行えることが必要で，振幅特性だけでなく位相特性も重要である．ディジタル処理はプログラムによりこれらの変更も容易である．

適応性 特性の変更，微調整が迅速に行える適性をもっている．適応制御では，フィルタ特性に対する適応性のみならず，最適化のための繰り返し計算が要求される．オンラインであるためにはこれが高速になされなければならないが，幸いなことに対象の周波数を可聴領域に限れば，サンプリング時間は数$100\mu s$程度であるから現在ではパソコンで十分対応できよう．

特性の変更，安定度 アナログ信号のためのLCフィルタ(コイルとコンデンサで構成)はパラメータの変更が困難であり，アクティブ・フィルタ(電子回路で構成)は安定度に問題がある．温度や経年変化にも難点がある．その点ディジタル処理はディジタル回路が安定動作である限り安定で，精度は計算量を増やせば対応できる．

費用 LCフィルタは大型，高価である．LCフィルタにしろアクティブ・フィルタにしろ目的に応じて必要個数用意しなければならない．ディジタル処理の場合は，多くの場合，CPU(計算機の中央処理装置)は小型，安価で，1つの高速なCPUでフィルタだけでなくその他複数の処理に対応できる．

6.1.1 波動の表現

波は$r=e^{j\omega t}$の指数関数波として表すことができる．単位半径の回転子を考え，単位円の一点がωtで反時計方向に回るものとする(図6.1)．この円上の点のx軸への投影の動きは$x=\cos \omega t$，y軸への投影は$y=j\sin \omega t$ある(jは虚数単位)．したがって

$$e^{j\omega t}=\cos \omega t+j\sin \omega t \tag{6.2}$$

これはオイラーの公式である．$e^{j\omega t}$は複素数であるから，位相情報も含まれる．三角関数波が必要な場合には，指数関数波で計算してその実部を取ればよい．$e^{j\omega t}$を使えば多くの利点があり，時間tについての微分は$j\omega$を乗じるだけで，積分は$j\omega$で割るだけでよい．したがってtに関する微分方程式は$j\omega$(周波領域)の代数方程式に変換される．これらの操作は1つの演算子法と考えることもできる．電気回路計算法はこのような約束のうえに構築されている．

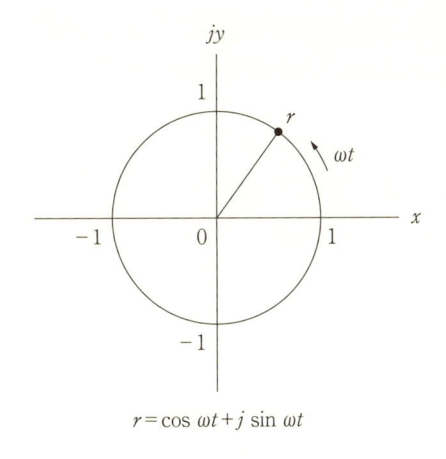

図 6.1　回転子

$r = \cos \omega t + j \sin \omega t$

6.1.2　DSP

DSPはディジタル信号処理装置(Digital Signal Processor)のことである．すなわち，ディジタル信号を加工するための専用のマイクロ・プロセッサで，音声や映像，計測データなどのアナログ信号をディジタル化してフィルタ処理などをする処理装置のことである．

音響関係では音声のディジタル処理，音響効果，エコーキャンセラ，音場シミュレーションなど幅広い分野で利用されている．1つの専用計算機と考えてもよく，浮動小数点の高速乗除演算機能を備え，WindowsなどのOSにより制御することができる．

よく知られているDSP素子には，テキサス・インスツルメント(TI)社製のTMS 320Cシリーズがある．動作クロック周波数 300 MHz，浮動小数点演算速度 1.8 GFLOPSに達する．これを組み込んだモジュール基盤が開発，発売されている．FIR, IIRディジタル・フィルタ，適応フィルタ(6.3節参照)が容易に構成でき，アナログ入力 16 チャンネル(16 ビット)，アナログ出力 4 チャンネル(14 ビット)などの入出力端子を備えている．

PCを接続してMATLAB, Simulinkなどによる支援開発が可能である[1]．そのほかにモトローラ社製 DSP 5631 がある．これは動作クロック 150 MHz,

固定少数点演算方式である．これらを組み込んだ能動消音制御用の汎用DSPシステムも販売されている[2]．

6.2 信号のディジタル化[3]
6.2.1 A/D変換，D/A変換

　騒音などの音声信号はマイクロホンで電気信号に変換されるが，これは時間的に連続なアナログ信号である．しかし，騒音制御の大部分はコンピュータ処理されるので信号は時間的に不連続なディジタル信号に変換する必要がある．これをA/D変換(アナログ/ディジタル変換)とよぶ．スピーカなどを駆動する信号はアナログ信号であるから，コンピュータ処理が終わった信号は再びアナログ信号に戻されなければならない．これをD/A変換(ディジタル/アナログ変換)とよぶ．

　図6.2はA/D変換過程を示す．サンプラーで一定な時間間隔T毎に信号の値を取得(sampling)し，その値を次の信号までの時間Tだけ保持(hold)し，その間に数値化されたディジタル信号に変換する．これらの処理は現在ではIC(集積回路)化されてA/D変換器として市販されている．A/D変換器を購入する場合に考慮するべき点は

1) 出力されるディジタル信号のビット数
2) 最短サンプリング時間T
3) 価格

であろう．ビット数は信号の分解能に関係する．信号の最大振幅を$\pm V_m$，ビット数をnとすれば信号の分解能$\Delta V = V_m/2^{n-1}$となる．ΔVは小さいほどよ

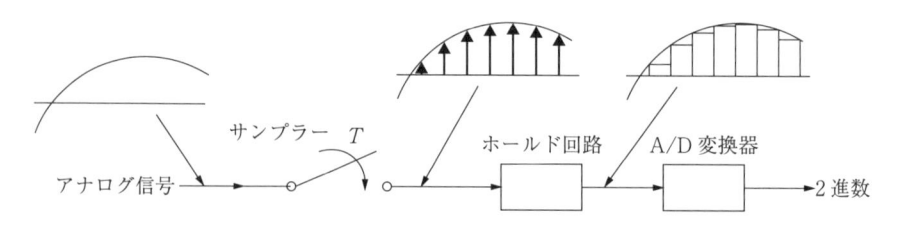

図6.2　A/D変換

いように思われるが，ビット数 n が大きくなるとコンピュータの処理時間が長くなる．また，A/D 変換器の構成要素である直流増幅器に高度の安定性が要求され，その分価格が上がる．市販されている A/D 変換器のビット数は 8，10，12，14 などであるから，処理目的に合わせて選択すべきである．

サンプリング周期を T とすればサンプリング周波数 $f_s=1/T$ となる．一般に A/D 変換器のサンプリング指令は外部から与えられる．処理する騒音信号スペクトルの最高周波数を f_N とすれば後述のサンプリング定理から $f_s/2 \geq f_N$ を満足するように取られなければならない．また，騒音信号に $f_s/2$ 以上の信号成分が含まれないように A/D 変換の前処理として，低域通過フィルタで $f_s/2$ 以上の信号成分を除くことが必要である．これはアンチエリアシングフィルタとよばれる．

D/A 変換は A/D 変換の逆の操作であり，A/D 変換器に対応して選択される．出力は脈動波になっているので，サンプリング周波数の高調波などの高周波成分を除くために低域通過フィルタを通すことが必要になる．

6.2.2 信号の離散化と周波数スペクトル

前述のように時間的に連続な信号は A/D 変換器で離散化信号に変換される．連続信号を $x(t)$ とすればその離散化された信号 $x(n)$（正確には $x(nT)$）は

$$x(n) = \sum_{k=-\infty}^{k=\infty} x(k)\delta(n-k) \tag{6.3}$$

で表される．$\delta(n)$ はデルタ関数とよばれるもので

$$\delta(n-k) = \begin{cases} 0 & n \neq k \\ 1 & n = k \end{cases} \tag{6.4}$$

である．図 6.3 に離散化信号系列の例を示す．

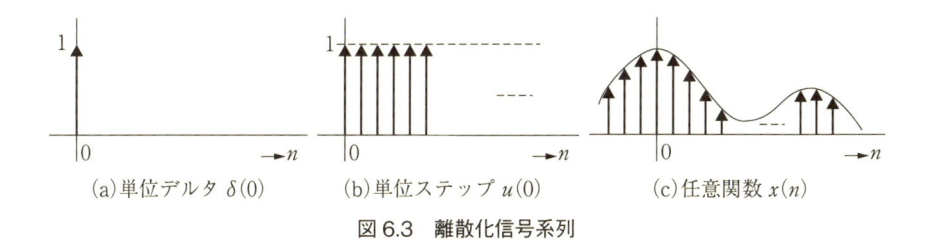

(a) 単位デルタ $\delta(0)$　　(b) 単位ステップ $u(0)$　　(c) 任意関数 $x(n)$

図 6.3　離散化信号系列

離散化信号は連続信号を離散化しただけであるから，その周波数上の特性は本質的には変わらないが，連続信号と相違する面もある．時間関数 $x(t)$ と周波数特性 $X(j\omega)$ はフーリエ変換で関係づけられる．連続信号を $x_a(t)$ で表し，そのフーリエ変換を $X_a(j\omega)$ とすれば，連続信号のフーリエ変換対は

$$X_a(j\omega) = \int_{-\infty}^{\infty} x_a(t) e^{-j\omega t} dt \tag{6.5}$$

$$x_a(t) = \frac{1}{2\pi} \int_{-\infty}^{\infty} X_a(j\omega) e^{j\omega t} d\omega \tag{6.6}$$

である．

一方離散化信号のフーリエ変換対は

$$X(j\omega) = \sum_{n=-\infty}^{\infty} x(n) e^{-j\omega n} \tag{6.7}$$

$$x(n) = \frac{1}{2\pi} \int_{-\pi}^{\pi} X(j\omega) e^{j\omega n} d\omega \tag{6.8}$$

で表わされる．

次に $X_a(j\omega)$ と $X(j\omega)$ の関係を考えてみる．

式 (6.7) から，$X(j\omega)$ は周波数軸上で周期 2π の周期関数なので，逆変換式 (6.8) の積分範囲は $-\pi \sim \pi$ となる．

n を nT に戻せば周期は $2\pi/T$ となるので離散系 (離散化信号系) の式 (6.8) は

$$x(nT) = \frac{T}{2\pi} \int_{-\pi/T}^{\pi/T} X(j\omega) e^{j\omega nT} d\omega \tag{6.9}$$

となる．一方，連続系 (連続信号系) では式 (6.6) に $t = nT$ を代入すれば

$$x_a(nT) = \frac{1}{2\pi} \int_{-\infty}^{\infty} X_a(j\omega) e^{j\omega nT} d\omega \tag{6.10}$$

ここで無限積分の式 (6.10) を $2\pi/T$ 区間毎に積分したものを加算した形で表せば

$$x_a(nT) = \frac{1}{2\pi} \sum_{r=-\infty}^{\infty} \int_{(2r-1)\pi/T}^{(2r+1)\pi/T} X_a(j\omega) e^{j\omega nT} d\omega \tag{6.11}$$

さらに $j\omega \to j\omega + j2\pi r/T$ なる変数変換を行えば

$$x_a(nT) = \frac{1}{2\pi} \sum_{r=-\infty}^{\infty} \int_{-\pi/T}^{\pi/T} X_a\left(j\omega + j\frac{2\pi r}{T}\right) e^{j\omega nT} e^{j2\pi rn} d\omega \tag{6.12}$$

となる．次に総和と積分の順序を変更すれば ($e^{j2\pi rn} = 1$ なので)

$$x_a(nT) = \frac{1}{2\pi} \int_{-\pi/T}^{\pi/T} \left[\sum_{r=-\infty}^{\infty} X_a\left(j\omega + j\frac{2\pi r}{T}\right)\right] e^{j\omega nT} d\omega \tag{6.13}$$

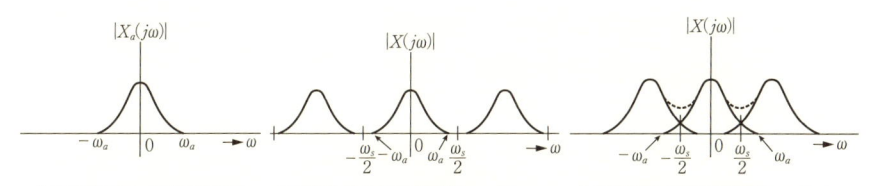

6.2 信号のディジタル化

(a) 連続系の周波数特性　(b) 離散系の周波数特性 $\omega_s/2 > \omega_a$　(c) 離散系の周波数特性 $\omega_s/2 < \omega_a$

図 6.4　サンプリング周波数と離散系の周波数特性

連続系と離散系はサンプリング時点では一致しなければならないので $x(nT) = x_a(nT)$ である．式(6.9)と式(6.13)を比較すると

$$X(j\omega) = \frac{1}{T} \sum_{r=-\infty}^{\infty} X_a\left(j\omega + j\frac{2\pi r}{T}\right) \tag{6.14}$$

が得られる．

式(6.14)から離散系の周波数特性は連続系の周波数特性を $2\pi/T$ を周期として無限に繰り返したものになる．連続信号 $x_a(t)$ に含まれる周波数成分の最高角周波数を ω_a とすれば，連続系と離散系の周波数特性の関係は図 6.4 のようになる．ω_s はサンプリング角周波数である．同図(b)に示す通り，$\omega_s/2 > \omega_a$ の場合は離散系の周波数特性には重なりが生じないので，フィルタで $-\omega_s/2 \sim \omega_s/2$ を切り取ればもとの連続系の周波数成分を復元できる．

しかし，同図(c)のように $\omega_s/2 < \omega_a$ の場合は離散系の周波数特性に重なりが生じ，破線で示す周波数特性となる．この場合は連続系の周波数成分が復元できない．言い換えれば離散化された信号はもとの信号とは異なったものになり誤差が生じる．周波数特性が $\omega_s/2$ で折り返されたように重なるので折り返し誤差，あるいはエリアシング誤差(aliasing error)とよばれる．エリアシング誤差が生じないようにするには連続信号に $\omega_s/2$ 以上の周波数成分が含まれないように，A/D 変換する前に低域通過フィルタで除く必要がある．これを前述したようにアンチエリアシングフィルタ(anti-aliasing filter)とよぶ．また，元の信号を復元するには $\omega_s/2 > \omega_a$ が必要であることをサンプリング定理という．

6.2.3 伝達関数，周波数応答
a. 連続系の周波数応答

信号 $x(t)$ はフーリエ級数展開やフーリエ変換によっていくつかの周波数成分に分解することができる．信号 $x(t)$ に対する線形システムの応答は，それらの周波数をもつ正弦波信号に対する応答の和と考えることができる．一般的には種々の周波数に対する応答を求めておくと，システム（フィルタなど）の応答特性を推察するうえで大変役に立つ．

いま，一般的な正弦波入力として

$$x(t) = e^{j\omega t} \tag{6.15}$$

を考える．システムを表す微分方程式は

$$a_0 \frac{d^n y(t)}{dt^n} + a_1 \frac{d^{n-1} y(t)}{dt^{n-1}} + \cdots + a_{n-1} \frac{dy(t)}{dt} + a_n y(t) = b_0 \frac{d^m x(t)}{dt^m} + b_1 \frac{d^{m-1} x(t)}{dt^{m-1}} + \cdots + b_{m-1} \frac{dx(t)}{dt} + b_m x(t) \tag{6.16}$$

で表わされる．これに上の入力が加えられた場合，システムが線形であれば，出力も同じ周波数の正弦波となるので

$$y(t) = A e^{j(\omega t + \theta)} \tag{6.17}$$

とおける．

$x(t)$, $y(t)$ を式(6.16)に代入するのであるが

$$\frac{dx(t)}{dt} = \frac{de^{j\omega t}}{dt} = j\omega e^{j\omega t} = j\omega x(t) \tag{6.18}$$

$$\frac{d^2 x(t)}{dt^2} = \frac{d^2 e^{j\omega t}}{dt^2} = (j\omega)^2 e^{j\omega t} = (j\omega)^2 x(t) \tag{6.19}$$

$$\vdots \qquad \qquad \vdots$$

となることに注意して

これらの関係を式(6.16)に代入して整理すれば

$$y(t) = \frac{b_0 (j\omega)^m + b_1 (j\omega)^{m-1} + \cdots + b_{m-1}(j\omega) + b_m}{a_0 (j\omega)^n + a_1 (j\omega)^{n-1} + \cdots + a_{n-1}(j\omega) + a_n} x(t) \tag{6.20}$$

が得られる．ここで

$$G(j\omega) = \frac{b_0 (j\omega)^m + b_1 (j\omega)^{m-1} + \cdots + b_{m-1}(j\omega) + b_m}{a_0 (j\omega)^n + a_1 (j\omega)^{n-1} + \cdots + a_{n-1}(j\omega) + a_n} \tag{6.21}$$

とおいて $G(j\omega)$ を周波数伝達関数とよんでいる．$G(j\omega)$ は複素数であるから

$$G(j\omega)=|G(j\omega)|e^{j\phi} \tag{6.22}$$

とおくと出力は

$$y(t)=G(j\omega)x(t)=G(j\omega)e^{j\omega t}=|G(j\omega)|e^{j(\omega t+\phi)} \tag{6.23}$$

となる．すなわち，振幅1の正弦波入力に対して，振幅 A が $|G(j\omega)|$ で，位相差 θ が $\phi=\angle G(j\omega)$ の出力が現れる．

微分方程式が与えられたら，$G(j\omega)$ を計算できるのであるが，実際のシステムでは微分方程式の係数を確定するのは困難な場合が多い．周波数伝達関数は，周波数 ω の正弦波を加えたときの入出力間の振幅比，位相差を意味するので，周波数を変えてこれらを測定すれば直接求めることができる．この測定可能であることが周波数伝達関数の有用性の1つとなっている．周波数伝達特性と時間応答との関係は自動制御理論などでいろいろと調べられているので，周波数伝達関数が得られたら，時間応答を推測することができる．

b. 離散系の周波数応答

離散系の信号を取り扱う場合にも三角関数系列や指数関数系列が重要な役割を果たす．伝達系が線形であれば，三角関数系列の入力が与えられた場合，出力には同じ周波数の系列が現われ，その振幅と位相だけが伝達系の特性に応じて変わる．

連続系の式(6.21)は $x(t)$, $y(t)$ のラプラス変換 $X(s)$, $Y(s)$ から計算される伝達関数

$$G(s)=Y(s)/X(s) \tag{6.24}$$

で $s=j\omega$ とおいたものと全く同じである．出力のラプラス変換 $Y(s)$ は

$$Y(s)=G(s)X(s) \tag{6.25}$$

となる．線形システムの出力 $y(t)$ は式(6.25)の逆変換である．これは入力信号 $x(t)$ とシステムのインパルス応答(システムに単位インパルス $\delta(t)$ を加えた時の応答) $g(t)$ とのたたみ込み積分となり

$$y(t)=\int_0^t g(\tau)x(t-\tau)d\tau \tag{6.26}$$

で表せる．

一方，離散系の応答は

$$y(n) = \sum_{k=0}^{n} h(k) x(n-k) \tag{6.27}$$

なるたたみ込み和で表せる．$h(k)$ は離散系のインパルス応答である．

連続系と同様に入力系列が $x(n) = e^{j\omega n} (-\infty < n < \infty)$ の指数関数で与えられるとする．

離散系の出力は

$$y(n) = \sum_{k=0}^{n} h(k) e^{j\omega(n-k)} = e^{j\omega n} \sum_{k=0}^{n} h(k) e^{-j\omega k} \tag{6.28}$$

ここで

$$H(j\omega) = \sum_{k=0}^{n} h(k) e^{-j\omega k} \tag{6.29}$$

とおけば

$$y(n) = H(j\omega) e^{j\omega n} = H(j\omega) x(n) \tag{6.30}$$

となる．$H(j\omega)$ は離散系の周波数応答である．

サンプリング周期 T を用いれば

$$k \to kT$$
$$\omega k \to \omega kT = 2\pi f kT = 2\pi f k / f_s = 2\pi k \omega / \omega_s$$

と表わされ，周波数応答は

$$H(j\omega) = \sum_{k=0}^{n} h(kT) e^{-j\omega kT} = \sum_{k=0}^{n} h(kT) e^{-j2\pi k\omega/\omega_s} \tag{6.31}$$

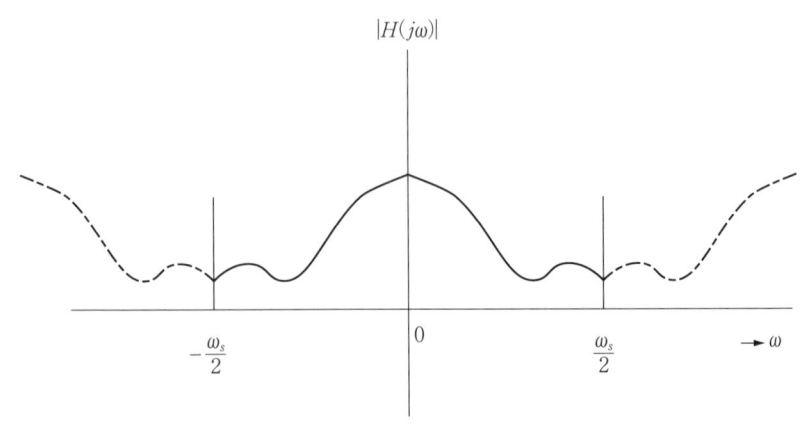

図 6.5 離散系の周波数応答

となる.

ここで注意すべきは，$H(j\omega)$ は ω_s(あるいは f_s)を周期として繰り返すことである．これが離散系と連続系の周波数応答の大きな相違点である(図6.5)．

c. Z変換とパルス伝達関数

式(6.29)から，離散系の周波数応答 $H(j\omega)$ はインパルス列 $h(k)$ に指数 $e^{-j\omega kT}$ を乗じたものになっている．したがって $H(j\omega)$ はインパルス応答 $h(k)$ のフーリエ変換とも解釈できる．

一般の信号 $x(t)$ の離散化信号 $x(n)$ のフーリエ変換も同様に表されて

$$X(j\omega) = \sum_{n=-\infty}^{\infty} x(n) e^{-j\omega nT} \tag{6.32}$$

また，ラプラス変換は

$$X(s) = \sum_{n=0}^{\infty} x(n) e^{-snT} \tag{6.33}$$

となる．前述のように周波数応答を考える場合は $s=j\omega$ とおけばよいので，フーリエ変換と同じ形になる．

そこで，離散値系を扱う場合は s あるいは $j\omega$ の関数としてよりも

$$z = e^{sT} \quad \text{あるいは} \quad z = e^{j\omega T} \tag{6.34}$$

とおいて z の関数として取り扱った方が便利である．

$$X(z) = \sum_{n=0}^{\infty} x(n) z^{-n} \tag{6.35}$$

を $x(n)$ のZ変換(Z transformation)とよび

$$X(z) = \mathcal{Z}[x(n)] \tag{6.36}$$

と表す．このZ変換はフーリエ変換やラプラス変換と同様に演算子法の1つとして，離散系の解析に常套手段として用いられている．

また，時間 kT だけ遅れた単位インパルス $\delta(n-kT)$ のラプラス変換は $e^{-kTs} = z^{-k}$ なので，z^{-1} は単位時間 T だけの遅れ要素とも解釈される．すなわち系列を時間 T だけ遅延させることは元の信号のZ変換に z^{-1} の演算を施したものに等しい(図6.6)．

式(6.27)で示したように，インパルス応答 $h(nT)$ をもつ伝達系に信号 $x(n)$ を入力した場合の出力 $y(n)$ は，$h(n)$ と $x(n)$ とのたたみ込み和となる．それらの間のZ変換を求めてみる．

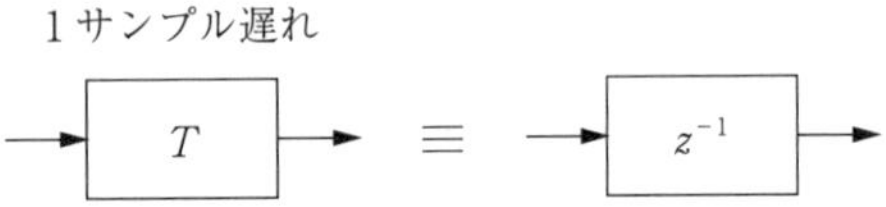

1サンプル遅れ

図6.6 時間 T の遅れ素子

$$Y(z)=\sum_{n=0}^{\infty}y(n)z^{-n}=\sum_{n=0}^{\infty}(\sum_{k=0}^{\infty}x(k)h(n-k))z^{-n}$$
$$=\sum_{k=0}^{\infty}x(k)z^{-k}\sum_{n=0}^{\infty}h(n-k)z^{-(n-k)} \qquad (6.37)$$

ここで $n'=n-k$ とおくと，$h(n')=0(n'<0$ のとき$)$ なので

$$Y(z)=\sum_{k=0}^{\infty}x(k)z^{-k}\sum_{n'=0}^{\infty}h(n')z^{-n'}=X(z)H(z) \qquad (6.38)$$

すなわち

$$Y(z)=H(z)X(z) \qquad (6.39)$$

の関係が得られる．

一般に入力と出力の Z 変換の比をパルス伝達関数とよび，$G(z)$ で表す．

$$G(z)=\frac{Y(z)}{X(z)} \qquad (6.40)$$

$G(z)$ が与えられれば，出力は入力の Z 変換 $X(z)$ との積としてただちに求めることができる．

$$Y(z)=G(z)X(z) \qquad (6.41)$$

6.3 ディジタルフィルタ

アナログ系ではフィルタといえば低域通過フィルタ，帯域通過フィルタなどの周波数選択フィルタであった．しかし，ディジタル系ではフィルタはもっと広い意味で用いられる．信号に何らかの処理を施して，ある性質をもった信号を取り出したり，信号の性質を変えたりする演算処理を指す．ディジタルフィルタに通すことは，信号をあるパルス伝達関数をもったシステムに通すことである．

ディジタルフィルタの構成方法には2通りある．フィードバックを用いない

フィードフォワード型とフィードバック型とがある．前者はインパルス応答が有限であることから FIR (finite impulse response) 型ともよばれる．一方，後者はインパルス応答が無限に続くので，IIR (infinite impulse response) 型とよばれる．FIR 型は本質的に安定なので，取り扱いが容易であるが構成する素子数が多くなる欠点をもつ．一方 IIR 型は不安定になる可能性もあるが，構成素子数は少なくて済む利点がある．

6.3.1 FIR フィルタ

この形のフィルタは次式で表せる．

$$y(n) = \sum_{k=0}^{M-1} a_k x(n-k) \tag{6.42}$$

出力は有限個の入力のみの関数となっている．フィードバックをもたないので常に安定性が保障されているが，同じ特性を表わすのに IIR フィルタに比べて次数 M は大きくなる．Z 変換してパルス伝達関数 $F(z)$ を求めると

$$F(z) = Y(z)/X(z) = \sum_{k=0}^{M-1} a_k z^{-k} \tag{6.43}$$

これは有限項の z のべき級数なので，インパルス応答は有限個のパルス列 $\{a_0, a_1, \cdots, a_{M-1}\}$ からなる．出力からのフィードバック系をもたないので非巡回形フィルタ (non-recursive filter) ともよばれ，常に安定である．

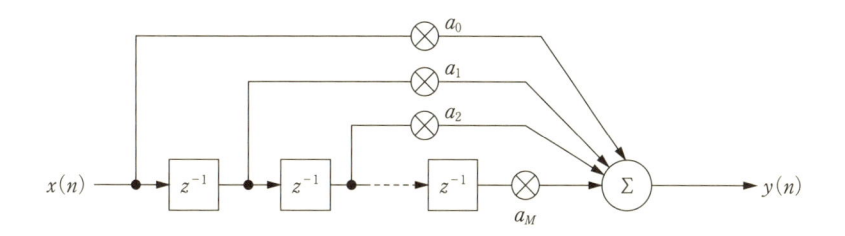

図 6.7 FIR フィルタの構成

a. 周波数選択フィルタ

FIR フィルタの周波数応答は式(6.43)で $z = e^{j\omega T}$ とおいた $F(e^{j\omega T})$ である．
ここで，例えば周波数選択 FIR フィルタの設計を考えてみる．フィルタと

して望まれる周波数特性を $H(j\omega)$ とすれば，$F(e^{j\omega T}) \cong H(j\omega)$ となるようにフィルタ $F(z)$ の係数 a_k を決める．そのためには $H(j\omega)$ をフーリエ逆変換して得られる時間応答，すなわち，$H(j\omega)$ のインパルス応答 $h(n)$ がフィルタのインパルス応答になるように係数 a_k を決めればよい．

フィルタを通したとき，位相歪みが生じないためには $F(e^{j\omega T})$ の位相が周波数に比例する，すなわち，線形位相遅れであることが必要である．このためには

$$a_k = a_{N-k} \tag{6.44}$$

（N はフィルタの次数）が必要となる．したがって FIR フィルタのインパルス応答は偶対称となる．そこで式(6.43)を改めて次のように書き直せば取り扱いがより容易になる．

$$F(z) = \sum_{k=-M}^{M} a_k z^{-k} \quad (\text{ただし}\, a_k = a_{-k}) \tag{6.45}$$

ここで注意すべきは式(6.43)と違って式(6.45)の場合は過去の値だけでなく未来の値も含まれるので，因果的でない，換言すれば物理的に実現できない．しかし，データを一度取り込んでから処理する場合は何ら不都合は生じない．

b. 低域通過フィルタの設計例

次のような特性をもつ低域通過フィルタを設計してみる（図6.8）．

$$H(\omega) = \begin{cases} 1 & |\omega| \leq \omega_c \\ 0 & |\omega| > \omega_c \end{cases} \tag{6.46}$$

インパルス応答 $h(n)$ は $H(\omega)$ が $\omega_s = 2\pi/T$ を周期として繰り返すと考えて式(6.9)より

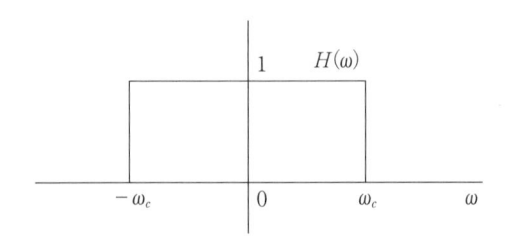

図6.8 低域通過フィルタ

6.3 ディジタルフィルタ

$$h(n) = \frac{1}{\omega_s} \int_{-\omega_s/2}^{\omega_s/2} H(\omega) e^{j\omega nT} d\omega$$

$$= \frac{1}{\omega_s} \int_{-\omega_c}^{\omega_c} e^{j\omega nT} d\omega = \frac{T}{2\pi} \left[\frac{1}{jnT} e^{j\omega nT} \right]_{-\omega_c}^{\omega_c}$$

$$= \frac{T}{\pi nT} \sin \omega_c nT = \frac{\omega_c T}{\pi} \frac{\sin \omega_c nT}{\omega_c nT}$$

$$= \frac{2\omega_c}{\omega_s} \frac{\sin 2\pi n\omega_c/\omega_s}{2\pi n\omega_c/\omega_s} \tag{6.47}$$

ここで

$$\omega_c/\omega_s = 0.2 \tag{6.48}$$

とすれば(ω_c は遮断周波数,ω_s はサンプリング周波数)

$$h(n) = 0.4 \frac{\sin 0.4\pi n}{0.4\pi n} \tag{6.49}$$

となる.したがって M 次の FIR フィルタは上式の $h(n)$ を係数 $a(n)$ として,パルス伝達関数は

$$F(z) = \sum_{k=-M}^{M} h(k) z^{-k} \tag{6.50}$$

となる.式 (6.49) で示されるフィルタのインパルス応答を図 6.9,また,設計したフィルタ ($M=6$,あるいは,$M=20$ としてインパルス応答を打ち切った) 低域通過フィルタの周波数応答を図 6.10 に示す.

インパルス応答は減衰振動の形をしている.$n=20$ ではまだ振動が続いているので,実際はもう少し次数を大きく取る必要がある.低域通過フィルタの周

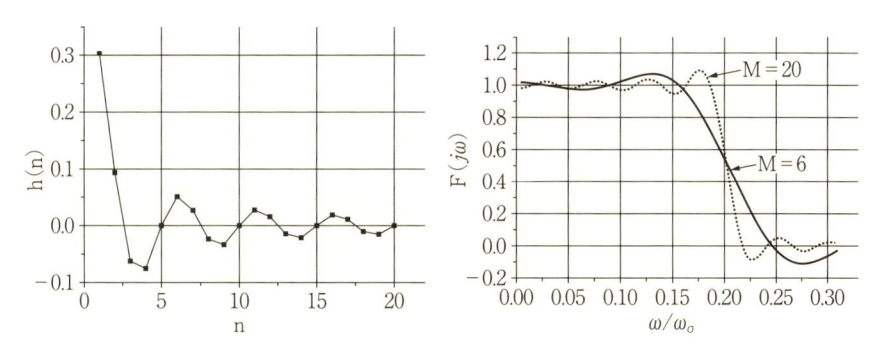

図 6.9　低域通過フィルタのインパルス応答　　図 6.10　低域通過フィルタの周波数応答

波数応答をみると，インパルス応答を6次で打ち切った場合は遮断特性の傾斜が緩やかであるが，20次で打ち切った場合はかなり急峻になっている．したがって急峻な遮断特性を得るにはフィルタの次数を増やせばよいことがわかる．しかし，フィルタの出力系列で最初の M 個と最後の M 個がフィルタ出力として不完全となるので，フィルタの次数が増すとそれだけ捨てるデータの数が多くなる．データをフィルタに通すとき，フィルタの次数に対してデータ数が少ない場合は M をあまり大きくできない．

また，周波数応答は通過域，遮断域でともに振動的になっている．これはギブス現象とよばれ，インパルス応答を M 個で急に打ち切ったことに起因する．ギブス現象を軽減するには窓関数で平滑化して打ち切る必要がある．

6.3.2 IIR フィルタ

このフィルタの入出力の関係は次のように表される．

$$y(n)=\sum_{k=0}^{M}a_k x(n-k)-\sum_{k=1}^{N}b_k y(n-k) \tag{6.51}$$

すなわち，現在の出力 $y(n)$ は入力 $x(n)$ ばかりでなく，過去の出力 $y(n-k)$ にも関係する．過去の出力が現在の出力にフィードバックされるので巡回形フィルタ (recursive filter) ともよばれる．IIR フィルタでは過去の全ての入出力の影響が現在の出力に残ることになる．

z^{-1} が1サンプルの遅れを表す素子とすれば IIR フィルタの構成は図 6.11 のようになる

式 (6.51) を Z 変換すると

$$Y(z)=\sum_{k=0}^{M}a_k z^{-k}X(z)-\sum_{k=1}^{N}b_k z^{-k}Y(z) \tag{6.52}$$

フィルタの伝達関数 $F(z)$ は

$$F(z)=\frac{Y(z)}{X(z)}=\frac{\sum_{k=0}^{M}a_k z^{-k}}{1+\sum_{k=1}^{N}b_k z^{-k}} \tag{6.53}$$

$F(z)$ は有理関数であり，無限項の z^{-1} のべき級数に展開出来るので，$F(z)$ の逆変換，すなわち，インパルス応答は無限に続く．これが IIR フィルタとよばれるゆえんである．

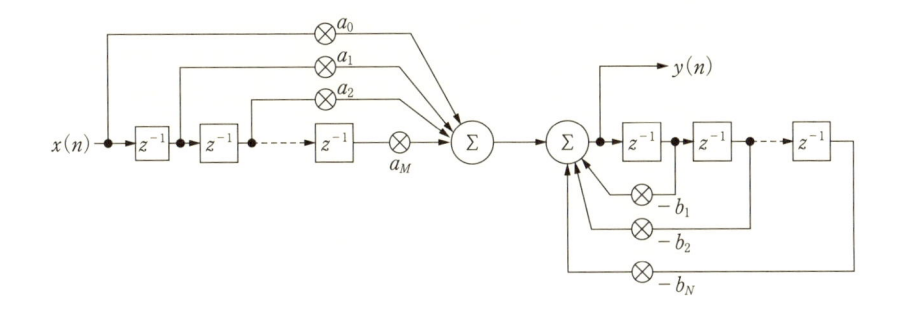

図 6.11 IIR フィルタの構成

式(6.53)はアナログフィルタの微分方程式を差分方程式に変え Z 変換したものに対応するので，IIR フィルタの設計はまずアナログフィルタを設計し，それに対応する Z 変換を求める手法が一般的である．

式(6.52)の IIR フィルタは現在および過去の値を用いているので，物理的に実現可能である．IIR フィルタの次数は同じ特性をもつ FIR フィルタよりも少なくて済むので，ハードウェア構成でリアルタイム処理に向いたフィルタといえる．

しかし，IIR フィルタはフィードバックループをもっているので，場合によっては動作が不安定となるので注意が必要である．

6.3.3. 線形予測フィルタ

あるシステムの現在の出力信号 $y(n)$ が M 個の過去の値，$y(n-1), y(n-2)$, $\cdots, y(n-M)$ の線形結合で予測されると仮定する．このような仮定は特異な仮定ではない．一般にシステムの動作は微分方程式で表されるが，離散系では差分方程式になり，$y(n-i)$ の各項について整理すると各項についての代数和，つまり，線形結合となるからである．

いま $y(n)$ が次のように過去 M 個の線形結合で表されるとする．

$$\bar{y}(n) = -\sum_{i=1}^{M} a_i y(n-i) \tag{6.54}$$

$\bar{y}(n)$ は $y(n)$ の推定値と考えられ，推定誤差を $\varepsilon(n)$ とすると

$$\varepsilon(n) = y(n) - \bar{y}(n) = \sum_{i=0}^{M} a_i y(n-i) \quad (\text{ただし } a_0 = 1) \tag{6.55}$$

係数 a_i は線形予測係数(linear prediction coefficient)とよばれる．この線形結合でシステムの特性を推定するためには推定誤差が最小になるように a_i を定める．誤差の評価関数としては N 個(N は $y(n)$ のデータ数)の誤差の2乗和 E をとる．すなわち，

$$\mathrm{E} = \sum_{n=0}^{N-1} \varepsilon^2(n) = \sum_{n=0}^{N-1} \left(\sum_{i=0}^{M} a_i y(n-i) \right)^2 \tag{6.56}$$

E を最小にする係数 a_i は，係数 a_i についての偏微分係数が0になるように定める．

$$\frac{\partial \mathrm{E}}{\partial a_i} = \sum_{n=0}^{N-1} 2\varepsilon(n) \frac{\partial \varepsilon(n)}{\partial a_i} = \sum_{n=0}^{N-1} 2 \left(\sum_{k=0}^{M} a_k y(n-k) \right) y(n-i)$$

$$= 2 \sum_{k=0}^{M} a_k \sum_{n=0}^{N-1} y(n-k) y(n-i) = 0 \quad (i=1, 2, \cdots, M) \tag{6.57}$$

ここで相関関数(correlation) $c_{k,i}$ を導入すると

$$c_{k,i} = \sum_{n=0}^{N-1} y(n-k) y(n-i) \tag{6.58}$$

式(6.57)は

$$\sum_{k=0}^{M} a_k c_{k,i} = 0 \quad (i=1, 2, \cdots, M) \tag{6.59}$$

相関関数 $c_{k,i}$ は i, k の関数であるが，定常性が仮定される信号の場合は単に i と k の差の関数と考えることができる．この場合は

$$c_{k,i} \cong c_{|k-i|} \equiv r(|k-i|) = \sum_{n=0}^{N-1} y(n) y(n+|k-i|) \tag{6.60}$$

上式で定義される $r(p)$ は自己相関関数(auto-correlation)とよばれる．

したがって式(6.59)は

$$\sum_{k=0}^{M} a_k r(|k-i|) = 0 \quad (i=1, 2, \cdots, M) \tag{6.61}$$

このように $c_{k,i}$ を $r(|k-i|)$ で近似する方法を自己相関法とよぶ．自己相関法は安定性が保証されているのでデータ数 N が十分大きい場合は自己相関法が用いられる．得られる線形予測の特性はその期間の平均値を表すので，あまりデータ長が長いとシステム特性の時間的な変化に対応できない．逆に短すぎると低周波数域での推定精度が下がることになる．音声などの場合は周波数特性の時間的な変化はゆっくりしているので，4～5ピッチ(約20 ms)にわたるデータ長を用いるのが普通である．

自己相関法の場合，線形予測係数の計算は代数方程式（式(6.61)）を解かなくても巡回的に係数を求められる．この方法は Durbin-Levinson 法[4]とよばれる．

式(6.55)を Z 変換で表すと

$$E(z) = \left(\sum_{i=0}^{M} a_i z^{-i}\right) Y(z)$$
$$= F(z) Y(z) \tag{6.62}$$

ここで
$$F(z) = \sum_{i=0}^{M} a_i z^{-i} \tag{6.63}$$

したがって
$$Y(z) = \frac{E(z)}{F(z)} \tag{6.64}$$

$F(z)$ は線形予測フィルタとよばれる．

式(6.62)は予測誤差 $E(z)$，すなわち，システムの出力信号 $Y(z)$ から線形予測で表される成分を除いた残差である．線形予測の次数 M を大きくすると出力信号の特性は $F(z)$ に取り込まれていくので，$E(z)$ は次第に白色雑音に近くなる．

見方を変えると出力信号 $Y(z)$ は白色雑音 $E(z)$ から生成されると解釈される．または，インパルスの周波数特性は白色雑音と同じなので，出力信号 $Y(z)$ は線形予測係数 a_i をもつ IIR フィルタ $1/F(z)$ にインパルスを加えた場合の出力であるとも考えることができる．

波形合成形騒音制御への応用

騒音がダクトなどの伝達系を進行して生成される場合は，騒音信号は騒音源と伝達特性とのたたみ込みとなる．したがって音源と伝達系の共振，反共振特性が騒音信号に含まれていると考えられる．線形予測ではこれらの共振特性を $M/2$ 個の共振で近似する(6.4.3 項参照)．

線形予測の駆動源は予測残差 $E(z)$ であるが，騒音信号から $F(z)$ が得られていれば $E(z)$ は騒音信号 $Y(z)$ から式(6.62)（時間領域では式(6.55)）で計算できる．騒音系の特性変化が緩やかな場合は，前のサイクルで計算した IIR フィルタ $1/F(z)$ を $E(z)$ で駆動して騒音信号を合成できる（すなわち $y(n) = \varepsilon(n) - \sum_{i=1}^{M} a_i y(n-i)$）．この合成波を位相反転して元の騒音に加えれば伝達特性を打

ち消し騒音を軽減できる．

線形予測フィルタ $F(z)$ の係数は各サイクルごとに更新する．線形予測は反共振特性(零点)には対応できないが，人の聴覚は反共振には鈍感なので，共振特性を近似するだけで十分であると考えられる．

6.4 離散的計算処理
6.4.1 フーリエ変換

ディジタル信号処理は計算機で処理するのであるから無限に続く系列を扱うことはできない．そこで時間領域で離散的で有限な系列を考える．N 個の有限な系列が N を周期として繰り返すと仮定する．周期関数のフーリエ変換は離散的になり，また，前述のように離散系のフーリエ変換は周期的になる．したがって N 個の離散的信号系列は周波数領域で離散的で，かつ，周期的な系列になる．すなわち，時間領域，周波数領域共に有限(周期的なのは有限と考える)で，離散的となる．そこで，N 個の離散的信号系列 $x(n)$ に対して次のような変換対を考える．

$$X(k) = \sum_{p=0}^{N-1} x(p) e^{-j2\pi kp/N} \tag{6.65}$$

$$x(p) = \frac{1}{N} \sum_{k=0}^{N-1} X(k) e^{j2\pi kp/N} \tag{6.66}$$

式(6.65)を離散的フーリエ変換(discrete Fourier transformation, DFT)，式(6.66)を離散的逆フーリエ変換(inverse discrete Fourier transformation, IDFT)とよぶ．

$x(p)$ は時間領域で離散的な系列で N を周期として繰り返し，$X(k)$ は周波数領域で離散的な系列で N を周期として繰り返すことが暗に仮定されている．この周期 N は，実際に信号がその周期をもっているのでなく，処理する数値系列の総数(データ数)である．すなわち，N 個の離散的な数値系列が N を周期として繰り返すことを仮定している．$x(p)$ は時間領域における p 番目の数値，$X(k)$ は k 番目の周波数成分である．ここで k 番目の周波数(f_k とする)とはどのようなものか考察する．

T をサンプリング周期，$f_s = 1/T$ をサンプリング周波数とすれば

6.4 離散的計算処理

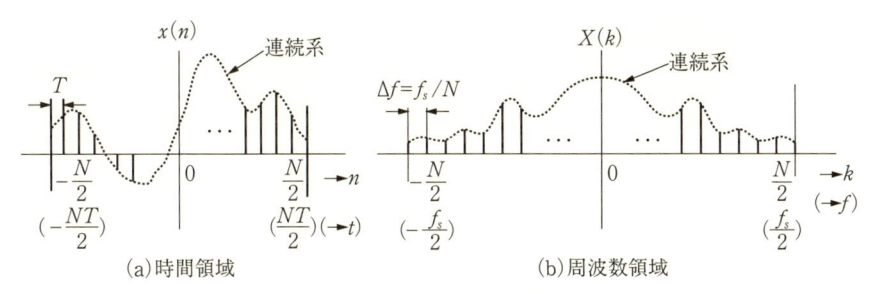

(a) 時間領域 (b) 周波数領域

図6.12 DFTの説明

$$\frac{2\pi kp}{N} = \frac{2\pi kpT}{(TN)} = 2\pi k\frac{f_s}{N}pT = 2\pi k\Delta f pT$$

連続系との対応では pT は時間 t, $k\Delta f$ は周波数 f に相当するので

$$f_k = k\Delta f \tag{6.67}$$

$$\Delta f = f_s/N \tag{6.68}$$

の関係が得られる．すなわち，DFT で k 番目の周波数とは Δf の k 倍の周波数を意味する．Δf は周波数分解能で，サンプリング周波数 f_s とデータ数 N で決まる値である．

離散的フーリエ変換は式(6.65)の総和を計算すればよく，DFT，IDFT の操作は信号処理を行うとき，この計算が何回も繰り返して適用される．したがってできるだけ変換速度を速くすることが要求される．幸いに高速フーリエ変換手法 (fast Fourier transformation, FFT)[5] がクーリー (J.W. Cooley) とテューキー (J.W. Tukey) によって 1965 年に再発見されて以来，飛躍的に高速で変換ができるようになった．

6.4.2 相関関数の計算

線形予測フィルタの計算には自己相関関数が必要であった．一般に，相関関数はある 2 つの信号間にどのような関係，何らかの関係があるかどうかを調べるために用いられる．信号 $x(n)$ と，同じ信号で時間が k だけずれた信号 $x(n+k)$ の場合は自己相関関数とよばれ

$$r_{x,x}(k) = \sum_{n=0}^{N-1} x(n)x(n+k) \tag{6.69}$$

で定義された．また，信号 $x(n)$ と他の信号 $y(n+k)$ の場合は相互相関関数とよばれ

$$r_{x,y}(k) = \sum_{n=0}^{N-1} x(n)y(n+k) \qquad (6.70)$$

で定義される．2つの信号が，ある線形システム対する入力と出力の関係にあれば，周期性は不変なので，2つの信号の位相が一致する k の値で相互相関関数は大きな値を示す（自己相関関数も同様）．

全く関係の無い信号であれば，相互相関関数は k の値にかかわらず 0 となる．また，そのとき自己相関関数 $r_{x,x}(k)$ は $k=0$ でのみ値をもち，それは信号のパワーを表す．このように相関関数は信号の周期の検出や雑音に埋もれた微少な信号を検出するのに有用である．

自己相関関数 $r_{x,x}(p)$ の DFT $R_{x,x}(k)$ は

$$\begin{aligned} R_{x,x}(k) &= \sum_{p=0}^{N-1} r_{x,x}(p) e^{-j2\pi kp/N} = \sum_{p=0}^{N-1} \left(\sum_{n=0}^{N-1} x(n)x(n+p) \right) e^{-j2\pi kp/N} \\ &= \sum_{n=0}^{N-1} x(n) \sum_{p=0}^{N-1} x(n+p) e^{-j2\pi k(n+p)/N} e^{j2\pi kn/N} \\ &= \sum_{n=0}^{N-1} x(n) e^{j2\pi kn/N} \sum_{p'=n}^{p'=n+N-1} x(p') e^{-j2\pi kp'/N} \end{aligned} \qquad (6.71)$$

であるから

$$\begin{aligned} R_{x,x}(k) &= \sum_{n=0}^{N-1} x(n) e^{j2\pi kn/N} \sum_{p=0}^{N-1} x(p) e^{-j2\pi kp/N} \\ &= X(-k)X(k) = |X(k)|^2 \end{aligned} \qquad (6.72)$$

相互相関関数に対しても同様に

$$R_{x,y}(k) = X(-k)Y(k) = X(k)Y(-k) \qquad (6.73)$$

が得られる．前述のように DFT では $x(n)$ が周期的であることを暗に仮定している．

信号 $x(n)$ の自己相関関数の DFT $R_{x,x}(k)$ は信号 $x(n)$ のパワースペクトル $|X(k)|^2$ となる．このことから逆に，自己相関関数は信号のパワースペクトルの逆変換で求められる．

$$r_{x,x}(k) = \text{IDFT}(|X(k)|^2) \qquad (6.74)$$

DFT，IDFT には FFT 演算を用いることができるので，式(6.69)を直接計算するよりも高速に自己相関関数が計算できる．すなわち線形予測フィルタの

計算に必要な自己相関関数は FFT 演算を用いれば高速に計算できる．

6.4.3 線形予測フィルタの周波数特性

線形予測 $F(z)$ の周波数応答は

$$F(j\omega) = \sum_{i=0}^{M} a_i e^{-j\omega iT} \qquad (6.75)$$

で計算される．一方，$F(z)$ のインパルス応答は

$$f(n) = \sum_{i=0}^{M} a_i \delta(n-i) \qquad (6.76)$$

であるから，$F(j\omega)$ はインパルス列 $\{a_0, a_1, a_2, \cdots, a_M\}$ のフーリエ変換とも考えられる．このインパルス列の後ろに値 0 のインパルスを追加し，全体で $N=2^p$ となるようにすれば FFT 演算を応用して $F(z)$ の周波数応答を計算することができる．

すなわち，$f(n) = \{a_0, a_1, a_2, \cdots, a_M, 0, 0, \cdots, 0\}$ として

$$F(j\omega) = \mathrm{FFT}[f(n)] \qquad (6.77)$$

として $F(j\omega)$ を計算することができる．
また，

$$Y(j\omega) = E(j\omega)/F(j\omega) \qquad (6.78)$$

なので，ここで

$$E(j\omega) = \sigma^2 \quad (\sigma^2 は信号のパワー) \qquad (6.79)$$

とすれば

$$Y(j\omega) = \sigma^2/F(j\omega) \qquad (6.80)$$

すなわち，出力信号 $y(t)$ の周波数特性 $Y(j\omega)$ は線形予測係数の FFT 演算

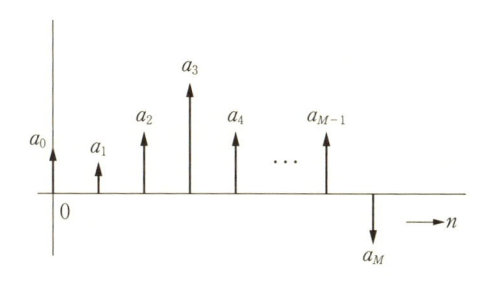

図 6.13 線形予測フィルタのインパルス応答

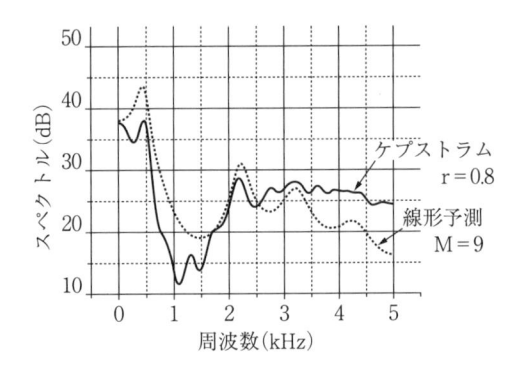

図6.14 音声信号の周波数特性の例

から求めた $F(j\omega)$ の逆数となる．

信号 $y(t)$ から直接求めた周波数特性と線形予側して求めた周波数特性はどのように違うであろうか．図6.14は音声信号の例である．同図で，ケプストラムとはピッチ周波数(声帯振動数)によるスペクトルの変動を除くためにケプストラムで平滑化した音声信号の周波数特性である(ここで $r=0.8$ はケプストラムを求めるとき，ピッチ周期の 0.8 倍以降をカットしたことを示す)．一方，線形予測は信号の特性を $M=9$ 次の線形予測フィルタで近似したものである．$4(=M/2$ の整数)個の極(共振)で近似したものとなっている．

6.5 適応制御

6.5.1 最小二乗誤差法

制御される信号の特性が時間的に変動する場合には制御系をその変動に合わせて変化させる必要がある．制御系のパラメータを変動に適応させることから適応制御とよばれる．あるサイクルごとに評価関数が最小(または最大)になるように制御パラメータを算出し，制御系を一新する．評価関数としては安定性の問題から二乗平均誤差がよく使用される．

ここでは騒音制御に用いられるフィードフォワード型適応ディジタルフィルタを考える(図6.15)．

$x(n)$, $d(n)$, $e(n)$ をそれぞれ参照信号，制御対象信号，制御誤差とする．

6.5 適応制御

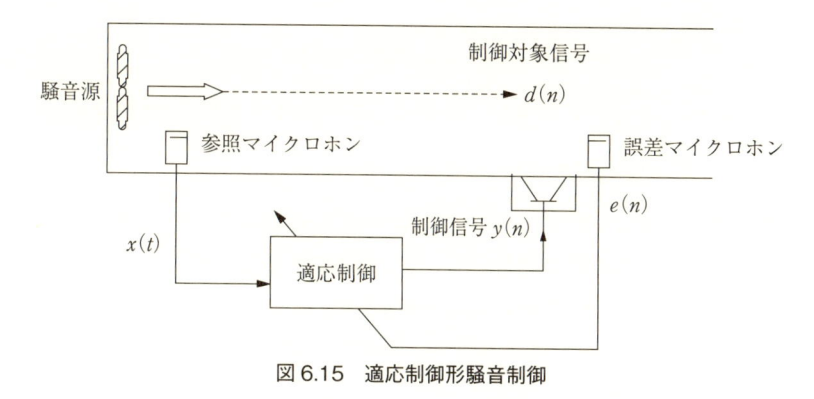

図6.15 適応制御形騒音制御

適応制御で決定されるディジタルフィルタは M 次でその係数を $h(k)$ とする．
ディジタルフィルタの出力を $y(n)$ とすれば誤差信号 $e(n)$ は

$$e(n) = d(n) + y(n) = d(n) + \sum_{k=0}^{M-1} h(k) x(n-k) \tag{6.81}$$

二乗平均誤差を ε^2 とすれば

$$\begin{aligned}
\varepsilon^2 &= E[\{d(n) + y(n)\}^2] \\
&= E[d(n)^2] + 2E[d(n) y(n)] + E[y(n)^2] \\
&= E[d(n)^2] + 2\sum_{k=0}^{M-1} h(k) E[d(n) x(n-k)] \\
&\quad + \sum_{k=0}^{M-1}\sum_{l=0}^{M-1} h(k) h(l) E[x(n-k) x(n-l)]
\end{aligned} \tag{6.82}$$

上式でEはデータ数 N 個の平均，すなわち期待値を表す．ここで定常性を仮定すれば

$E[d(n)^2] = \sigma^2$ ：　　　　　制御対象信号の二乗平均値(パワー)
$E[d(n) x(n-k)] = r_{d,x}(k)$ ：　　制御対象信号と参照信号の相互相関関数
$E[x(n-k) x(n-l)] = r_{x,x}(k-l)$ ：参照信号の自己相関関数

とおくと

$$\varepsilon^2 = \sigma^2 + 2\sum_{k=0}^{M-1} h(k) r_{d,x}(k) + \sum_{k=0}^{M-1}\sum_{l=0}^{M-1} h(k) h(l) r_{x,x}(k-l) \tag{6.83}$$

が得られる．この二乗誤差 ε^2 を最小とするようにフィルタの係数 $h(k)$ を定める．
そのためには

$$\frac{\partial \varepsilon^2}{\partial h(k)} = 2r_{d,x}(k) + 2\sum_{l=0}^{M-1} h(l) r_{x,x}(k-l) = 0 \tag{6.84}$$

を満足する $h(k)$ を求めればよい．結果として次の連立方程式が得られる

$$\sum_{l=0}^{M-1} h(l) r_{x,x}(k-l) = -r_{d,x}(k), \quad k=0, 1, \cdots, M-1 \tag{6.85}$$

これは正規方程式とよばれるもので，線形予測係数の計算の場合と同じである．この場合は2種の相関関数 $r_{x,x}$，$r_{d,x}$ が必要となる．制御系を構成するコンピュータの性能が十分な場合は式(6.85)を解いてフィルタの係数を求めればよい．しかし，性能が不十分な場合や，時間的に変動する制御対象にリアルタイムで適応したい場合は，次節で述べるようなもっと簡単な方法が用いられる．

6.5.2 最急降下法（LMS アルゴリズム）

解析的な方法でなく，誤差が減少する方向に各係数を変化させ，誤差を最小とする最適なフィルタの係数値を求める方法である．この方法は極値がいくつか存在する場合，最適な解に到達しない危険性がある．しかし式(6.83)の二乗誤差を最小にする問題では誤差面はボール形表面上にあり，1つの最小値に収束する．各係数に対する誤差勾配は

$$\frac{\partial \varepsilon^2}{\partial h(k)} = 2r_{d,x}(k) + 2\sum_{l=0}^{M-1} h(l) r_{x,x}(k-l) \tag{6.86}$$

ここで相互相関関数 $r_{d,x}(k)$ は

$$\begin{aligned} r_{d,x}(k) &= \mathrm{E}[d(n)x(n-k)] \\ &= \mathrm{E}[\{e(n)-y(n)\}x(n-k)] \\ &= \mathrm{E}[e(n)x(n-k)] - \mathrm{E}[y(n)x(n-k)] \end{aligned} \tag{6.87}$$

また，

$$\mathrm{E}[y(n)x(n-k)] = \mathrm{E}[\sum_{l=0}^{M-1} h(l)x(l)x(n-k)] = \sum_{l=0}^{M-1} h(l) r_{x,x}(k-l) \tag{6.88}$$

なので，これらの関係を式(6.86)に代入すると誤差勾配 $\nabla(n)$ は

$$\nabla(n) \equiv \frac{\partial \varepsilon^2}{\partial h(k)} = 2\mathrm{E}[e(n)x(n-k)] \tag{6.89}$$

となる．最急降下法では次式でフィルタ係数の更新を行う．

$$h(k)^{n+1} = h(k)^n - \mu \nabla(n) \tag{6.90}$$

μ は正の値の収束速度を制御するパラメータである．収束状況をみながら適当な値に設定する．

勾配 $\nabla(n)$ を求めるにはあるデータ区間の平均操作が必要である．メモリ容量が十分であれば $e(n)x(n-k)$ の値を逐次記憶することで平均を求めることができる．小規模システムでは平均操作をしないで勾配に次式を用いる．

$$\nabla(n)=e(n)x(n) \tag{6.91}$$

これは電話のエコー消音などで用いられ，LMS アルゴリズムとよばれている．

参考文献
1) MATLAB & SIMULINK, http://www.mathworks.com
2) ご興味のある読者はホームページ http://www.mtt.co.jp, http://www.redec.co.jp などにアクセスされたい．ただし，筆者等はこれらの企業と関係がないことをお断りしておく．
3) 加川, 堤, 三好, 清田, 広林：入門ディジタル信号処理, 培風館(2006).
4) J.D. マーケル，A.H. グレイ Jr. 著，鈴木久喜訳：音声の線形予測, コロナ社(1978).
5) 電子通信学会編：「ディジタル信号処理」, 電子通信学会(1975).

#　あ と が き

　オルソンの "Acoustical Engineering" の翻訳書『音響工学』（西巻正郎訳，近代科学社）が刊行されたのは1959年のことでした．編者が卒業研究で配属された研究室では，客員研究員の奥田襄介先生（当時熊本大学助教授）と大学院学生の斉藤勲さんがオルソンの電子吸音器に触発されてこの装置の実用化にむけて研究中でした．これは日本におけるANC研究の先駆であると思われます．それはマイクロホン–増幅器–スピーカからなる一種の拡声装置で，ただ異なるところは，マイクロホンとスピーカが対向設置され，負帰還が増幅器だけでなく音響系を含む系全体に作用するように結線されていることでした．この種の装置で最大の懸案は安定性で，スピーカの周波数特性が平坦ではなく，多数の共振が存在するので共振の前後では位相が大きく遷移して負帰還系のつもりが正帰還となり，消音どころか発振（ハウリング）を起こすことが問題でした．したがって研究の要諦は安定化に関する理論的追及と実験にあったのです．結局安定動作のためには広い帯域がとれず，また空間的にも位相が遷移するので，低周波領域のしかも狭い空間内での静音化しか実現できませんでした．アナログ技術の時代では空間を含む回路特性の任意の制御が難しく，また機器も大型かつ高価で，実用化には時期尚早であったのです．
　しかし考えてみれば，音場が狭い領域でもよいなど，目的対象を限定すれば，オルソンの提案した吸音器，音圧低減器は十分実用的な技術となりうるわけで，電子回路がディジタルとなりディジタル信号処理を利用すれば，任意の特性が高速かつ安価，容易に実現できる時代がやってきたのです．スポット空間で消音できればよいヘッドホンにおける雑音消去，1次元空間での干渉を考えればよい空調ダクトやマフラーなどへの応用が実用化されています．なかでも静音ヘッドホンは，初期に現れたノイズバスターをはじめクワイアットコンフォートなどの商品名などで多くのメーカーから発売されています．
　この経緯は，音声認識や音声合成装置の実用化の過程と類似だと思われます．上のオルソンの本はこの分野についても示唆をしています．もう一人の先輩はこの技術をもとに音声タイプライタを発明するつもりだと話しました．多くの技術者が信号処理の技法を用いてこの問題に挑戦しましたが，結果は実用

化にはまだまだ間があるというものでした．そこに TI(テキサス・インスツルメンツ)社から Speak & Spell という装置が発売されました．これは8ビットのマイクロ・プロセッサによるおもちゃのような装置でしたが，対象語数を百語程度に限定すれば，実用に耐えるものでした．たとえば郵便物や宅配便の宛先の音声認識選別など応用対象によっては実用上十分な分野が存在します．これを機に音声認識技術の能力向上への研究が加速しました．

　ディジタル信号処理がリアルタイムで可能になって，帰還系による音波波形の復元・反転だけでなく，より安定な前進形(フィード・フォーワード)が考案されました．これはコピー波と原音波との合成波が制御対象領域近傍に設置された検出マイクロホンの出力が最小となるように，コピー波の波形や大きさを自動調節するものです．そのためには最適制御や適応制御のアルゴリズムが利用され，これによって制御法の選択の幅が広がりました．

　当時，後輩の中島孝之さん(後に電子技術総合研究所音響部長)が修士課程で2自由度能動振動系の安定制御に関する研究を始めるのをみていました．これは理論的研究にとどまったようでしたが，振動制御ではごく初期の研究と思われます．

　奥田先生らの研究とほぼ時を同じくして，ステレオ放送，磁気テープや LP 盤の実用化が始まろうとしていました．研究室は異なりますが，博士課程では吉田富美男さん(後に松下通信工業取締役)が，印東太郎先生(慶応大学助教授，後にカルフォルニア大学教授)の計量心理学の本などを参考に，一対比較法などを利用してステレオ感の心理的評価の研究をしていました．その後，編者の同期の曽根敏夫さん(後に日本音響学会会長)はこの手法を室内音場の評価に適用しました．

　以上は編者が学生時代に散見した思い出ですが，能動制御はそれ以降，常に興味を持ち続けた対象でした．

　能動制御の技術は，ディジタル信号処理の技法のみならず，コンピュータや DSP，駆動用半導体の開発などとあいまって，実用化の時代をむかえています．その応用例の一端は2章で紹介したとおりですが，その応用はさらに拡がっていくでしょう．しかし，その有効性も低周波領域に限られるなど限界も明らかになっています．高周波領域では，従来の受動的処理が有効なことに変わりはありません．

あとがき

　快音化技術は騒音や振動の大きさを低減させるだけでなく，そのスペクトル成分を変化・調節することによって，人間の心理音響的負担を軽減しようとするものです．その指標として心理音響的計量評価が用いられるわけですが，そのためにはディジタル信号処理を援用した騒音の分析と合成に基づくシミュレーションが欠かせません．その技術と応用例を 3 章で紹介しました．これは上に触れた心理音響学研究に端を発したものですが，比較的最近の応用技術であって，その研究の成果は，NHK テレビ番組『サイエンス ZERO』(2005 年 11 月 12 日放送)でも紹介され好評を博しました．

平成 24 年 5 月

編者しるす

索引

数字

1次音源　17
1/f　81
1/fゆらぎ　80
2次音源　17

A～Z

A/D変換　162
ANC　14
AR (assisted resonance)　144
CAD　110
CAE　109
CZ法　63
D/A変換　162
Digital Signal Processor　161
DSP　25, 161
FFT　179
FIR　171
FIRフィルタ　156, 171
FZ法　63
H. Coanda　141
H.F. Olson　141
Harshness　87
IIR　171
IIRフィルタ　175
LCフィルタ　160
LMSアルゴリズム　185
MFP　91
Noise　87
NVH　87
P. Lueg　141
PID制御　34
PNC　14
Q値　51
SD法　8, 81, 93, 100, 109

S/N比　43
sound-induced vibration　134
Vibration　87
Z変換　169

あ 行

アクチュエータ　17
アクティブ音響制御系　47
アクティブ吸音　44
アクティブ・サスペンション　54
アクティブノイズコントロール技術　31
アクティブ/パッシブ切換え型免震装置　63
アクティブ・フィルタ　160
アクティブ免震　63
圧力変動　5
アドミタンス　130
アナログ/ディジタル変換　162
暗騒音　25, 29, 83, 91
暗騒音レベル　72
アンチエリアシングフィルタ　163, 165

異音　79
位相　120
板の制振　125
一対比較法　9, 109
因子散布図　94
因子負荷量　101
因子分析　93, 101
インバータ制御　34
インパルス　181
インパルス応答　167
インピーダンス　121, 130
インピーダンスが不整合　132
インピーダンス整合　148
インピーダンスの不連続性　147

190　索　引

インピーダンス密度　121

宇宙基地　67
うなり　35

エアコン室外機　107
$1/f$　81
$1/f$ゆらぎ　80
エラーマイク　42
エリアシング誤差　165
エレベータ　36
円殻曲げモード　127
エンジン音　85

大きさ　5
遅れ要素　169
オーケストラ　49
音の高さ　1
音の伝わる速さ　12
オルソン　53
音圧分布　118
音響インテンシティ　118, 120
音響インピーダンス　121
音響エネルギー　12, 14
音響シミュレーション　86, 92, 100, 102, 103, 109
音響出力　12
音響フィルター　133
音響放射　134
音響放射パワー　34
音響励起振動　134
音源対策　18
音質安定化　96
音質改善　86
音質評価　8, 90, 96, 109
音　場　2

か　行

快　音　79, 80, 81
快音化　14, 79, 81, 94, 101
快音設計　80, 82, 91, 98, 109
外　耳　5
回生電力　62

回転音　27
回転翼　139
加振器　156
風切り音　85
片振幅　11
可聴周波数範囲　7
カーディオイド　117
可動マス　62
カメラ　103
カリヨン　111
干　渉　31
感　性　109
感性価値　82, 83
慣性力　58
感度解析　100

基音　84
機械騒音　10
帰還形消音　147
基準振動　51
期待値　183
ギブス現象　174
逆位相　45
逆位相音　27
逆振幅　45
逆フィルタ　151
吸　音　19, 83
吸音材　17, 48, 124
吸音処理　20
吸音性　110
吸音率　124
共　振　1
共　鳴　1
距離減衰　2

空気伝播　13
空気伝播音　3
空間伝播遅延　41
空調ダクト　140
空調ダクト音　36
空力振動　54

経時変化　92, 96

索引　191

径方向(呼吸)モード　127
軽量遮音壁　140
ケプストラム　182
減　衰　12
減衰比　128
建築騒音　10
検知マイク　36

コインシデンス効果　135
航空機内　139
航空機内の騒音　44
工場騒音　10,140
合成制御　120
高層ビル　58
高層ビルの横揺れ　140
構　造　2
構造変更　102
高速フーリエ変換　179
高調波音　74
交通騒音　10
五　感　91
呼吸源　115
国際比較　90
誤差信号　149,151
誤差信号用マイク　28
固体伝播音　3,13
コヒーレンス　38
鼓　膜　5
こもり音　39,84,85
固有インピーダンス　121
固有振動数　64
固有モード　39
コンサートホール　50
コントローラ　36
コンピュータ支援設計　109

さ　行

最急降下法　184
最小二乗誤差法　182
最小二乗法　150
サイレンサ　132
サウンドアメニティ　12
サウンドスケープ　12

サウンドデザイン　12,82
サウンドマップ　84,86
サスペンション　53
残響音　49
残響時間　50
参照信号　149
サンプラー　162
サンプリング　150
サンプリング周期　163
サンプリング周波数　163
サンプリング定理　159,165
サンプル信号　151

軸廻りモード　127
指向性　42,116,120
指向性合成　119
指向性制御　74
指向特性　74,120
自己相関関数　176,179,180
自己相関関数のDFT　180
自己相関法　176
地震波　64
実験モード解析　22
質点系モデル　129
質量則　123
自動車　140
遮　音　19,81,83
遮音構造体　18
遮音性　110
遮音壁　18
遮　断　22
遮断周波数　132
シャープネス　9,102
遮蔽壁　125
周期間ばらつき　97
周期内動作ばらつき　96
集中定数モデル　129
周波数応答関数　154
周波数スペクトル　163
周波数伝達関数　167
周波数分解能　5,179
周波数分析　4,98
受動制御　17,23

索引

受動騒音制御　14
巡回形フィルタ　174
消音・吸音特性　144
消音系伝達関数　29
情報音　83
新幹線　54
シンセサイザー　151
振動が励起　134
振動の低減技術　22
振動ふるい　32
振動モード　55,100
振動様式　126
振幅比　128
心理音響評価尺度　101,102

推定誤差　176
数値シミュレーション　130,133
スカイフック制御　55
スカイフックダンパ　55
スピーカ　36
スピルオーバ　23
スマートサウンドスペース　14

静音化　13
正帰還　23,143
制御信号　149
静粛化技術　25
静粛性　83
制振　19,22
制振合金　25
制振鋼板　25
制振材料　25
制振装置　17
制振板　125
生体情報　91
整流板　39
セミアクティブ・サスペンション　54
線音源　2
線形位相遅れ　172
線形結合　175
線形予測係数　176
線形予測フィルタ　177
前進型　149

潜水艦　140
洗濯機　98
船舶　140

騒音　10,80,81
騒音源　13
騒音検出マイク　42
騒音対策　14
騒音発生源　13
相関関数　176,179
相互相関関数　180
掃除機　82,106
双指向性　42
速度帰還　154
疎密波　5,11
損失係数　25

た　行

帯域除去フィルタ　85
対数減衰率　125
体積速度　121
体積変位　115
ダイポール　34
ダイポール指向性　73
高さ　5
ダクト　115,132
たたみ込み積分　167
たたみ込み和　168
単一指向性　117
単結晶シリコン　62
ダンパ　17
ダンピング　21
ダンピング材　125
ダンピング層　126

遅延素子　149
中耳　6
超音波　7
聴覚閾値　72
聴覚中枢　7
聴感曲線　7,8
超低周波音　7,31
超低周波音騒音　72

索　引　　193

直接音　20
チョクラルスキー法　63

低域通過フィルタ　85, 172
ディジタル/アナログ変換　162
ディジタル信号処理　151
ディジタル信号処理装置　161
ディジタルフィルタ　170
低周波騒音　31
低振動化　18, 21
泥水式シールド工法　31
低騒音化　18, 79, 109
低騒音設計　79
低騒音問題　31
適応アルゴリズム　150, 156
適応制御　29, 149, 182
適応フィルタ　42, 149
デジタルカメラ　82
デジタル信号処理技術　14
鉄道　53
鉄道車両　54
デルタ関数　163
点音源　2
電気音響変換器　134
電気自動車　82
電磁音　27
電子技術　14
電子吸音器　141
電磁サスペンション　67
伝達関数　154
伝達率　128, 129
伝播径路　106
伝播速度　121
伝播遅延　41

等価回路　129
透過損失　122
透過率　122
動吸振器　17, 23
動挙動　22
等ラウドネス曲線　7, 8
特性インピーダンス　116, 121
トークバック　43

ドライバーユニット　118
ドライビングシミュレータ　87

な 行

ナイキスト周波数　47
内耳　7
波の干渉　139

二次音　11
二乗平均誤差　183
二乗平均値（パワー）　183
二層円筒殻　127
日本工業規格　10
ニュートン法　150

音色　5

ノイズキャンセリング・ヘッドホン　44
能動音響制御系　47
能動音場制御　49
能動消音　17
能動制御　17, 23
能動騒音制御　14, 17
脳波　91
ノッチフィルタ　106
伸び振動　126
伸びモード　127

は 行

倍音　84
排気騒音　140
パイプオルガン　49
ハイブリッド式制振機構　58
ハイブリッド式制振装置　60
バウンド音　103
白色雑音　177
波形合成　151
バーチャルサウンドカー　110
波長　11
発音メカニズム　79
パッシブ免震　63
羽根通過周波数音　106
速さ　12

ばらつき　96
パルス伝達関数　170
パワー　12
パワースペクトル　33
反射音　20, 49
反射率　124
半能動制御　23

避音　74
非巡回形フィルタ　171
微小重力環境　67
ピストン円板　134
ピストン円板からの放射　135
ピッチ　1, 182
非定常音　103
評価マイク　28, 36
標準偏差　97

フィードバック形　171
フィードフォワード　149
フィードフォワード形　171
フィードフォワード型ディジタルANC　41
フィードフォワード制御　42
フィルタ係数　36
風力発電　72
付加音源　34
負帰還　143
浮遊帯域融解法　62
フーリエ変換　164, 178
フーリエ変換対　164

平板スピーカ　44
閉ループ　151, 153
ヘリコプタ　139
ヘルムホルツ型　51
ヘルムホルツ共鳴器　107, 130
変圧器　140
変動強度　9, 102

防音　81
防音塀　19
放射インピーダンス　121, 130, 147
放射角 θ　119
放射散乱　130
防振　19, 20, 22
防振ゴム　21
放物飛行　70
補助質量　58
ポリゴンミラー　91, 94

ま 行

マイクロホン　134, 139
曲げ振動　126
マスキング　79, 86, 109
窓関数　174
マフラー　132

ミシン　101
耳栓　41

無指向性　42, 117

メーカサウンド　84, 85
面音源　2

目標音質　99, 100, 101, 106, 109
モード　126
モノポール　115
モビリティ　130

や 行

有限要素法　22
有帯域白色雑音　46
有理関数　174

よじりモード　127
予測残差　177

ら 行

ラウドスピーカ　134, 139
ラウドネス　9, 102
ラフネス　9, 102
ラプラス変換　167, 169

離散化　163

離散化信号　163
離散化信号のフーリエ変換対　164
離散系の周波数応答　168
離散的逆フーリエ変換　178
離散的フーリエ変換　178
リズム感　92, 94, 97
力行電力　62
リニアモーターカー　54
粒子速度　118, 121
流体振動　11
両振幅　11
理論モード解析　22

累積寄与率　102

冷蔵庫　25
レゾネータ収音器　51
レール型フル・アクティブ式　61
連成振動　134

ロイヤルフェスティバルホール　53
老人性難聴　80
ロードノイズ　85
ロバスト性　65

執筆者紹介

加川 幸雄(かがわ　ゆきお)
東北大学大学院工学研究科(電気および通信工学)修了．工学博士．Brooklyn Polyt. Inst. (Mech. Engg.), Norges Tekniske Hoyskole, (Akustik Inst.), Southampton Univ. (Inst. of Sound and Vibration Research)などの研究員を経て，富山大学教授，岡山大学教授，秋田県立大学教授を歴任．その間，Indian Inst. Tech. (New Delhi), Univ. of New Southwales, 中国科学院(音響研究所)客員教授，蘭州大学客員教授，日本大学講師・研究員(生産工学部非常勤)などを務める．現在，富山・岡山・秋田県立大学名誉教授．
Honorary fellow Indian Acoust. Society, 日本シミュレーション学会名誉員(元会長), Life fellow IEEE, Fellow Inst. of Acoust. (UK).
主として電気・音響・振動工学分野の数値シミュレーションの研究に従事．

戸井 武司(とい　たけし)
中央大学大学院理工学研究科精密工学専攻博士後期課程修了．博士(工学)．電機メーカ研究所勤務後，2004年より中央大学理工学部教授．2004-2005年 KU Leuven 客員教授．
感性を考慮した快音設計，快適な音環境創造や機能性音響空間〈スマートサウンドスペース〉に関する研究などに従事．
主な著書：『トコトンやさしい音の本』日刊工業新聞社，2004年.
　　　　　『静音化&快音化　設計技術ハンドブック』三松，2012年.

安藤 英一(あんどう　えいいち)
芝浦工業大学工学部電子工学科卒業後，島田理化工業株式会社入社．博士(工学)岡山大学．2003年同社技師長．2008年より中央大学理工学部教育技術員，(財)小林理研非常勤研究員．2011年より芝浦工業大学工学部非常勤講師，中央大学理工学部共同研究員．
主として超音波応用機器の設計および数値解析の研究に従事．1989年第20回石川賞(企業部門，財団法人日本科学技術連盟)加川幸雄と共同受賞．

堤　一男(つつみ　かずお)
熊本大学大学院工学研究科(電子工学)修士修了．熊本電波工業高等専門学校(現熊本高等専門学校)教授．スウェーデン王立工科大学音声通信研究所研究員(文科省在外研究員)，インドネシアスラバヤ電子工学ポリテクニック国際協力長期専門家(国際協力事業団)．博士(工学)岡山大学．2007年熊本電波工業高等専門学校名誉教授．
主な研究分野は音声情報処理．

快音のための騒音・振動制御

平成 24 年 7 月 20 日　発　行

編者　　加　川　幸　雄

発行者　　池　田　和　博

発行所　　丸善出版株式会社
　　　　〒101-0051　東京都千代田区神田神保町二丁目17番
　　　　編集：電話(03)3512-3261／FAX (03)3512-3272
　　　　営業：電話(03)3512-3256／FAX (03)3512-3270
　　　　http://pub.maruzen.co.jp/

Ⓒ Yukio Kagawa, 2012

組版印刷・製本／三美印刷株式会社

ISBN 978-4-621-08568-4 C 3050　　　　　Printed in Japan

JCOPY 〈(社)出版者著作権管理機構 委託出版物〉
本書の無断複写は著作権法上での例外を除き禁じられています．複写される場合は，そのつど事前に，(社)出版者著作権管理機構(電話 03-3513-6969, FAX 03-3513-6979, e-mail：info@jcopy.or.jp)の許諾を得てください．